Elementos De Fisica Esperimental Dedicados Á La Enseñanza De Los Alumnos Del Instituto Nacional I De La Academia Militar

Abendaño

ELEMENTOS

DE

FÍSICA ESPERIMENTAL

DEDICADOS A LA ENSEÑANZA

DE LOS ALUMNOS DEL INSTITUTO NACIONAL I DE LA ACADEMIA MILITAR.

SACADOS DE LA OBRA

DEL SEÑOR ABENDAÑO.

SANTIAGO.
IMPRENTA DE JULIO BELIN I COMPAÑIA.

1852.

[illegible]

[illegible]

[illegible]
[illegible]

[illegible]

ELEMENTOS

DE

FÍSICA ESPERIMENTAL.

ELEMENTOS

DE

FÍSICA ESPERIMENTAL

DEDICADOS A LA ENSEÑANZA

DE LOS ALUMNOS DEL INSTITUTO NACIONAL
I DE LA ACADEMIA MILITAR.

SACADOS DE LA OBRA

DEL SEÑOR ABENDAÑO.

SANTIAGO.
IMPRENTA DE JULIO BELIN I COMPAÑIA.

1852.

FISICA.

PRELIMINARES.

1. **Del cuerpo.** Llámase cuerpo a todo lo que produce en nuestros sentidos, ya sea en la vista, ya en el tacto, en el oido, etc., un conjunto de impresiones, las que hacen distinguir toda sustancia del espacio que la rodea.

2 **Propiedades de los cuerpos.** Cada **cuerpo** obra de un modo distinto en nuestros sentidos: uno produce en ellos la sensacion del color rojo, otro del color verde, otro de cierta magnitud i forma que llaman nuestra atencion, otro sensaciones de calor, de frio, o de cierto sabor, fragancia, etc. El modo particular como cada cuerpo produce en nosotros estas diversas sensaciones constituye sus **propiedades** que lo hacen distinguir de los demas cuerpos en el universo.

3. **Materia.** Es de lo que constan todos los cuerpos sin distincion de sus propiedades.

4. **Fenomeno.** Ningun cuerpo permanece siempre en el mismo estado en el universo, sin que se note modificacion alguna, ya sea en el lugar que ocupa, ya en su magnitud, color, forma, etc., etc. Toda modificacion o cambio que por medio de nuestros sentidos notamos en el estado de los cuerpos que nos rodean, es decir, en el modo como estos cuerpos se hallan en el universo i obran en nosotros, se llama **fenomeno.**

5. **Objeto de la Fisica.** Entre estos cambios i modificaciones hai algunos que son pasajeros i no influyen en la variacion esencial de las propiedades de un cuerpo. Por ejemplo: si se frota un tubo de vidrio con piel de gato, adquiere la propiedad de atraer pedacitos de papel; mas esta propiedad la pierde mui pronto sin que el vidrio cese de ser vidrio como era ántes; si se pone una barrita metálica, por ejemplo de hierro, en un horno caliente, i se la mide ántes

que se enfrie, se ve que ha aumentado de volúmen, es decir, se ha hecho un poco mas larga, mas ancha i mas gruesa: al enfriarse vuelve a tomar su tamaño anterior i no pierde ninguna de las propiedades que habia tenido ántes; si se deja caer una piedra del alto de una torre, se puede observar la direccion en que cae, la rapidez con que se mueve; mas, caida una vez al suelo, se ve que no ha cambiado ninguna de sus propiedades.

Hai otras modificaciones i cambios que se notan en el estado de los cuerpos, modificaciones i cambios esenciales que destruyen enteramente la naturaleza de ellos i los transforman en otros de mui distintas propiedades. Por ejemplo: si se enciende un trozo de leña, se ve que arde, produce llama, humo, vapor de agua, etc., i deja ceniza; no volvemos a reproducir la misma sustancia de leña por ningun medio conocido. Del mismo modo si se echa un poco de vinagre sobre un pedazo de mármol bien bruñido, se ve cierta efervescencia, el mármol pierde su lustre, se mancha, i una parte de este mismo mármol se disuelve en el vinagre, como azúcar en el agua, produciendo un líquido que ya no es ni mármol ni vinagre.

La Física se ocupa particularmente del estudio de las modificaciones i cambios anteriores, es decir, de los que son pasajeros i no alteran la naturaleza íntima de los cuerpos; mientras la química se ocupa de los segundos, es decir, de las acciones que los cuerpos ejercen unos sobre otros, alterándose enteramente sus propiedades.

6. **Naturaleza.** La palabra naturaleza, unas veces espresa la reunion de los seres que constituyen el universo, otras veces el órden con que estos seres se forman, existen i suceden unos a otros; otras veces la reunion de todas las propiedades i fenómenos que se notan o se observan en un cuerpo: otras, finalmente la lei fundamental establecida por la suprema intelijencia para la conservacion del universo.

7. **Fuerzas ajentes.** Todo lo que puede obrar sobre los cuerpos i hacerles sufrir modificaciones, en una palabra causar **fenómenos**, se denomina **fuerza** o **ajente**.

8. **Lei.** Se llama **lei** física la relacion que existe entre un fenómeno i la causa de que depende, como tambien la regla o el modo constante que se observan en la produccion i reproduccion del mismo fenómeno.

PRIMERA PARTE.

1. Definimos jeneralmente los cuerpos materiales, diciendo que se comprende bajo este nombre todo lo que es estenso, impenetrable i pesado.

2. **Formacion de los cuerpos i sus tres estados.** Los cuerpos están formados de una reunion de partículas similares mas o ménos distantes entre sí, que constituyen masas mas o ménos densas.

3. Los físicos suponen que estas partículas de los cuerpos están a su vez constituidas por una reunion de *átomos*, es decir, por porciones de materia inseparable. Una reunion de átomos se llama molécula.

4. Está admitida i es probable la existencia de los átomos; pero no está probada, porque la estremada pequeñez que se les supone, no nos deja los medios de observacion.

5. Puesto que las moléculas o partículas que constituyen los cuerpos son porciones de materia separadas, todos los cuerpos se nos presentarian como polvo, si no hubiese una fuerza que las uniera entre sí. A este ajente misterioso que aproxima las moléculas de los cuerpos, se llama *cohesion.*

6. La *cohesion* está combatida en todos los cuerpos por otras fuerzas de naturaleza enteramente distinta que tienden a separar las partículas unas de otras, i por cuyos motivos se les denominan fuerzas *repulsivas.*

7. Una de las mas activas es el *calórico.*

8. Cuando la fuerza del calórico separa poco las molécu-

las de los cuerpos, de manera que su distancia respectiva sea menor que el radio de su esfera de actividad sensible, la cohesion mantiene los cuerpos en estado *sólido*. Las *piedras*, los *metales* i los *tejidos orgánicos* son *sólidos*.

9. Cuando el calórico separa las moléculas de su esfera de actividad de cohesion, de manera que dichas moléculas puedan moverse libremente en todos sentidos, por la accion de cualquiera fuerza, aun la mas débil posible, los cuerpos se nos presentan en estado *líquido*. El *agua*, el *mercurio*, el *espíritu de vino*, son *cuerpos líquidos*.

10. Finalmente cuando la fuerza repulsiva del calórico anula totalmente la de cohesion, de manera que las moléculas de los cuerpos tratan de separarse mas i mas, los cuerpos se nos presentan en un estado *aeriforme;* tal es el aire.

11. Hai un cuerpo mui conocido en la naturaleza que se nos presenta diariamente en estos tres estados, i este es el *agua*, que de continuo vemos en la forma sólida constituyendo el hielo, en la forma líquida i en la de *vapor* o *aeriforme*.

12. Los cuerpos que se nos presentan en este estado se denominan jeneralmente *gases*.

13. **De las propiedades jenerales de los cuerpos.** Llámase propiedades jenerales de los cuerpos aquellos hechos uniformes que observamos en ellos en cualquiera de sus estados. Las principales i mas importantes son;

1.° La estension.
2.° La impenetrabilidad.
3.° La divisibilidad.
4.° La porosidad.
5.° La compresibilidad.
6.° La elasticidad.
7.° La dilatabilidad.

14. 1.ª **Estension.** La estension es la porcion del espacio universal que un cuerpo ocupa. De esta propiedad dependen su forma i su volúmen.

15. 2.ª **Impenetrabilidad.** Llámase así la propiedad en virtud de la cual dos cuerpos no pueden ocupar a un mismo tiempo un mismo lugar i espacio.

16. **Pruebas i aplicaciones.** Que los sólidos i líquidos son impenetrables no necesita comprobarse. La impenetrabilidad de los gases se comprueba tambien fácilmente. Sí

metemos un vaso boca abajo en un líquido, este no penetra en él ¿i por qué? porque el aire de que está lleno es impenetrable.

En esa propiedad está fundada la *campana nudinatoria* o de los *buzos*, hombres que bajan en lo interior de dicha campana, muchas brazas abajo del agua.

17. 3.ª **Divisibilidad.** Propiedad jeneral de los cuerpos de poder subdividirse en pequeñas porciones distintas entre sí.

18. **Pruebas i aplicaciones.** Si subdividimos un pedazo de madera hasta el punto de reducirle a polvo, cada porcion de esta madera podrá aun subdividirse, puesto que es madera, i como tal compuesta de partes que por la combustion pueden reducirse a humo, etc., etc. Un grano de carmin o de indigo se disuelve en una gran porcion de agua, i esperimentos hechos sobre el particular comprueban que se subdivide en mas de 15 millones de partes. Si nos paseamos por un jardin, el aire está perfumado en bastante estension, ¿cuál no deberá ser la divisibilidad de las particulas odoríficas de las flores? Wallaston consiguió hacer hilas de plátano de 1/1200 de milímetros de grueso, necesitándose mas de 140 de estas hilas para formar un hacecillo del grueso de un hilo de seda: un grano de oro se estiende hasta presentar dos millones de partes visibles, i cuando se le emplea en la fabricacion de galones, dos onzas i aun ménos se estiénden entre los rollos del laminador hasta convertirse en un hilo largo de 90 leguas. El cristal puede hilarse como la seda. Wolf ha observado en un grano de polvo 500 huevos de que han nacido animales parecidos a los peces. Una decoccion de plantas espuestas al aire libre presenta al microscopio tantos animalillos que en un espacio de un centímetro cúbico podrian contenerse cincuenta trillones; i en la punta de una aguja muchísimos miles.

19. 4.ª **Porosidad.** Llamamos *porosidad* a los pequeños vacíos o intersticios que las moléculas de los cuerpos dejan entre sí. Estos vacíos se denominan *poros*, de cuyo nombre se deriba el de la porosidad. Si esta varia, cambia tambien la *densidad* del cuerpo: pero no la cantidad de materia que encierra; pues esta es siempre igual aun cuando los poros se disminuyan o aumenten.

20. **Pruebas i aplicaciones.** El azúcar metido en

agua se cubre de burbujas de aire que se escapan de sus poros. El carbon deja penetrar en los suyos los gases. Una piedra silicea llamada *hidrófano* traslucida en su estado ordinario, no solo deja escapar burbujitas de aire así que se la sumerje en agua, sino que adquiere la trasparencia del cristal por medio del agua que se ha apropiado. El mercurio comprimido en una piel de *gamuza* se escapa por sus poros. El agua introducida en una esfera de oro aparece en la superficie a manera de gotitas de rocío cuando se le hace variar de forma por la compresion; esperimentos hechos por la academia de Florencia. El agua o la humedad introducida en los poros de las puertas i ventanas las hincha e impide se cierren i abran con facilidad. Por el contrario el calor evaporando los líquidos hace que los poros de las maderas se compriman, i las puertas i las ventanas se ponen entónces flojas.

21. 5.ª **Compresibilidad.** La compresibilidad es la propiedad jeneral que tienen los cuerpos de reducirse a un menor volúmen aparente cuando se les comprime por todas partes.

La estension ocupada por un cuerpo constituye su *volúmen aparente;* i la estension que ocuparia la sustancia propia de un cuerpo, haciendo abstraccion de sus poros o intersticios, es lo que se llama *volúmen real.*

22. **Pruebas i aplicaciones.** Todos los cuerpos son compresibles; pero los líquidos lo son ménos que los sólidos, i estos ménos que los gases.

La compresibilidad de los líquidos se comprueba perfectamente por medio del piezometro. Diariamente vemos ejemplos de la compresibilidad de los sólidos. La de los gases se comprueba con la escopeta de viento i otros muchos esperimentos. Los gases tienen otra propiedad i es la de comprimirse todos igualmente. Boyle, segun los ingleses, i Mariotte segun los franceses, descubrió la lei que lleva su nombre, de suma importancia, como luego veremos.

23. 6.ª **Elasticidad.** La elasticidad es la facultad que tienen los cuerpos de recobrar su estado primitivo cuando cesa la causa que le alteraba.

24. **Pruebas i aplicaciones.** Los gases son perfectamente elásticos, propiedad que se puede demostrar fácilmente comprimiendo una vejiga llena de aire, que recobra su pri-

mitivo estado luego que cesa la compresion. Por esta razon son llamados los gases, *flúidos elásticos*. Los líquidos tienen mui poca elasticidad. Los sólidos no lo son tanto como los gases, aunque hai algunos como la goma elástica i el marfil que gozan de una gran elasticidad. Dejando caer una bola de marfil sobre un plano liso i bañado lijeramente de aceite, se nota una señal tanto mayor, cuanto mas vivo haya sido el choque; lo que prueba de una manera evidente que la bola no ha saltado, sino despues de haberse aplanado.

A la elasticidad de que están dotados los cuerpos se debe que las sillas i collares no lastimen a los caballos, que los asientos rellenos, las camas de pluma i los colchones conserven su blandura; que el ayunque haga saltar los martillos; que una bala de cañon haga rebotes ya en la mar ya en la tierra; que una bola de marfil sobre un tapiz impele a otra i que ámbas cambien de direccion despues de haber tocado a la baranda; que el aire comprimido en unos fuelles i en una escopeta de viento salga con ímpetu para recobrar su primitivo volúmen, que las láminas de acero de que se componen los resortes de los coches, relojes i otros instrumentos se doblen fuertemente sin romperse.

25. 7.ª **Dilatabilidad.** Es la propiedad que tienen los cuerpos de cambiar de volúmen bajo la influencia del calor.

26. **Pruebas i aplicaciones.** Un tubito de cristal lleno de aire, cuya comunicacion al exterior está interceptada por una columnita de líquido coloreado, prueba la dilatabilidad de los gases, pues aplicándole la mano, el calor hace subir la columna de líquido i vuelve a bajar luego que se quita la mano i se enfria el aire.

Un líquido se derrama en una vasija llena cuando sufre la accion del calor. El que produce la mano aplicada a unos matracitos de cristal llenos de líquidos espirituosos, les hace elevarse en el tubito inmediatamente i vuelve a su primitivo nivel a poco rato de quitada la mano.

Es mui sencillo medir la prolongacion de una barra metálica que se haya calentado fuertemente.

De esta propiedad, de la cual nos ocuparémos en otro lugar con alguna mas estension, se deduce, que como la temperatura varía sin cesar, los cuerpos de la naturaleza no están jamas en un reposo contínuo.

§. 1. *De la inercia i del movimiento.—Consideraciones jenerales sobre el equilibrio i el movimiento.—Fuerzas.*

1. **Inercia.** Llámase así la propiedad que tiene la materia de no poder darse por sí movimiento alguno ni alterar el que haya recibido. La misma falta de accion de los cuerpos se estiende a todas las variaciones o mutaciones que puedan ocurrir en su estado. De manera, que si un cuerpo se rompe o sale de su lugar, si pasa a ser mas duro o mas blando, si cambia de color, se enfria o se calienta, si se liquida o se evaporiza, es porque ha sobrevenido alguna *causa* o *fuerza* que le imprime estas modificaciones.

2. Estas *fuerzas* o *causas*, unas veces son permanentes, que continuan obrando i que arreglan sus acciones segun las *leyes inmutables* a que están sujetas; otras veces son pasajeras i obran casualmente. Aquellas son de cuyo estudio se ocupa particularmente la ciencia; mas se supone que todas tienen su existencia separada de la materia i son independientes de ella.

3. **Movimiento.** Se dice que el movimiento es *absoluto* o *relativo*, segun que se le compara con un espacio absoluto o relativo.

4. La línea que recorre un punto en el espacio se llama la *trayectoria* de este punto. Cuando el movimiento es *rectilíneo*, la trayectoria se dice *rectilínea*; i *curvilínea* si el movimiento es *curvilineo*.

5. Cuando un cuerpo recorre en tiempos iguales espacios iguales, el movimiento se llama *uniforme*; i cuando en tiempos iguales recorre espacios desiguales, el movimiento es *variado*.

6. Si los espacios van creciendo progresivamente, el movimiento se llama *acelerado*; i si los espacios decrecen del mismo modo, el movimiento toma el nombre de *retardádo*.

7. **Velocidad.** La *velocidad* es el espacio recorrido por un cuerpo en la unidad del tiempo.

8. El instante dado, o unidad de tiempo es jeneralmente el *segundo*.

9. Por consiguiente se mide la velocidad de un cuerpo por el espacio andado uniformemente en la unidad de tiempo. Se-

gun esto el espacio recorrido uniformemente por un cuerpo durante un tiempo dado es igual a la velocidad repetida tantas veces como unidades hai en el número que espresa el tiempo, o lo que es lo mismo, el espacio crece proporcionalmente al tiempo. De esto se deduce igualmente que la velocidad es igual a la razon del espacio recorrido por el cuerpo al tiempo empleado en correrlo. Ahora bien, llamando *V* la velocidad del móvil, i *E* el espacio recorrido durante un tiempo *T*, tendremos la fórmala : $V=\frac{E}{T}$. Así como en un quebrado aumentando el numerador crece el quebrado; i aumentando el denominador disminuye el quebrado, del mismo modo tenemos que la *velocidad está en razon directa del espacio e inversa del tiempo*, puesto que E espacio representa el numerador de un quebrado i T tiempo, es el denominador.

Siendo la fórmula que acabamos de poner una division indicada, siempre que se nos den dos cosas conocidas vendremos en conocimiento de la tercera. Así dados el *tiempo* i *la velocidad*, averiguaremos el *espacio* multiplicando aquellos entre sí, esto es: $E=T\times V$. Dados el *espacio* i *la velocidad*, conocerémos el tiempo, dividiendo aquellos entre sí, esto es: $T=\frac{E}{V}$. I finalmente, dados el *espacio* i *el tiempo*, conocerémos la *velocidad*, dividiendo aquellos entre sí, segun hemos dicho al sentar la fórmula $V=\frac{E}{T}$.

Siendo T i V números que se refieren a cantidades de diferente naturaleza, parece estraño que podamos multiplicar el tiempo por la velocidad o la velocidad por el tiempo, es decir, efectuar operaciones aritméticas entre dos números *concretos* de diversas naturalezas. Mas, observemos que V es el espacio recorrido en una unidad de tiempo: llamando pues este espacio *e* i la unidad de tiempo *t*, i sustituyendo el valor de V, que es $\frac{e}{t}$ en la fórmula citada, tendremos : $E=T\frac{e}{t}$. esta fórmula podemos espresar del modo siguiente:

$$E=\frac{T}{t}e$$

pero T partido por t, es decir un número concreto partido por un número concreto de la misma naturaleza se trasforma en un número abstracto: por consiguiente al multiplicar V por T no hacemos mas que multiplicar el espacio e por un número abstracto, es decir, por el número que nos dice cuantas unidades de tiempo (t) caben en la totalidad de tiempo T, empleado por el cuerpo para recorrer el espacio E.

Las mismas observaciones pueden aplicarse a la fórmula $V=\frac{E}{T}$: porque

$$V=\frac{e}{t}=\frac{E}{T} \text{ nos da una proporcion } T : E :: t : e$$

en que conociendo E, T i la unidad de tiempo t, conoceremos la e, es decir el espacio recorrido en la unidad de tiempo, es decir la velocidad V.

10. Cuando un cuerpo se mueve circularmente, *su velocidad angular* se mide por la curva del arco descrito: la *velocidad angular está, pues, en razon inversa del radio de este arco.*

11. En mecánica, las velocidades, los espacios, los tiempos, etc., se representan por números, i solo de este modo pueden compararse estas cantidades heterojéneas.

12. La direccion del movimiento se representa por la direccion de una recta i su intensidad por la lonjitud de otra recta.

13. **Leyes de Newton.** Al inmortal jenio de Newton se debe el descubrimiento de las tres leyes siguientes, que llevan su nombre i que son el fundamento de la ciencia del movimiento.

1.ª Un cuerpo inmóvil persiste en su estado de reposo, i un cuerpo móvil en el de movimiento uniforme i en línea recta, hasta que una fuerza motriz cambie su estado.

2.ª La fuerza es igual al producto de la masa por la velocidad del cuerpo puesto en movimiento.

3.ª Cuando dos cuerpos obran uno sobre otro, sus acciones i reacciones son siempre iguales.

14. **Pruebas i aplicaciones.** La primera parte de la primera lei es obvia i está al alcance de todos; para concebir la segunda parte de la misma, es necesario hacer abstraccion de la resistencia del aire, del frote, etc., causas por las cuales los cuerpos puestos en movimiento se paran; por el contra-

rio, una vez comunicado aquel, seguirian moviéndose indefinidamente.

Una simple multiplicacion nos demuestra la verdad de la segunda lei. En virtud de ella, una pequeña piedra que cae de una gran altura puede tener tanta fuerza como una piedra mayor que caiga de una altura corta.

Para comprobar la tercera lei se usa un semicírculo graduado hasta 10 por uno i otro estremo, colocando 0 en el punto intermedio (fig. 1). Suspendiendo una bola pendiente

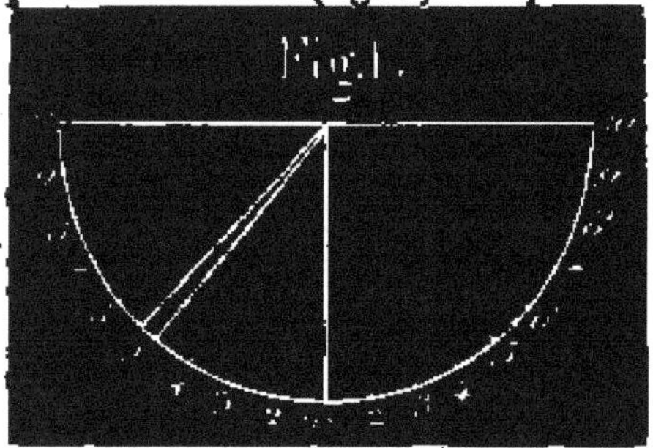
Fig. 1.

de un hilo sostenido en un punto en lo alto de la direccion del centro del semicírculo, elevándola hasta el grado 10 por un estremo i dejándola caer, recorre todos los grados hasta e 10 del lado opuesto, en cuyo movimiento seguiria contínuamente, si no lo estorbaran los obstáculos consiguientes. Pero si al llegar la bola a 0° hallase otra igual pendiente de otro hilo, el choque de ambas la llevaria hasta el grado 5° opuesto. De lo cual se deduce que la primera habrá perdido 5°, i comunicado otros 5° a la bola que está en reposo.

De estas leyes se deduce la causa, por qué cuando comienza a andar un barco, la jente que hai en él suele caerse en direccion opuesta a la del rumbo que toma el barco, porque cuando se para de repente un coche se caen hácia adelante los que en él van; por qué un buen jinete suele caerse si su caballo rompe instantáneamente un escape; por qué cuando una liebre acosada por un galgo muda de direccion, aquel continúa por algun tiempo la direccion que traia i se ve forzado a formar un arco para cambiarla, etc.

15. **Fuerzas.** Llámase así cualquier causa de movimiento. Existen en la naturaleza un gran número de causas de movimiento, independientes de la fuerza de voluntad de los seres animados: tales son por ejemplo, las fuerzas magnéticas, el calor, la gravedad, etc.

16. Las *fuerzas* son *contínuas* e *instantáneas*. Las primeras ejercen su accion en todos los momentos como la gravedad,

de que nos ocuparemos luego; las segundas son las que ejercen una accion pasajera.

17. Hai una ciencia que solo tiene por objeto la determinacion de los *movimientos* de los cuerpos en virtud de las *fuerzas* que pueden solicitarles: esta ciencia se llama *mecánica*.

18. Se dice que un cuerpo está en *movimiento* cuando ocupa sucesivamente diversas posiciones en el espacio; en *reposo* cuando su posicion no varia, i en *equilibrio* cuando es solicitado por dos fuerzas iguales i contrarias. De lo que se infiere que los cuerpos en *equilibrio* están siempre en reposo, i los en reposo en equilibrio.

19. La *mecánica* comprende dos partes principales: la *estática* i la *dinámica*.

20. La *estática* es la parte de la mecánica que considera únicamente las condiciones del *equilibrio* de las fuerzas, es decir, las condiciones necesarias para que los cuerpos solicitados por las fuerzas permanezcan en reposo.

21. La *dinámica* es la parte de la mecánica relativa a las leyes de los movimientos producidos por las fuerzas.

22. En las *fuerzas* deben distinguirse tres cosas: *el punto de aplicacion*, la *direccion* i la *intensidad*.

23. La *direccion* e *intensidad* de las fuerzas se representan por líneas, lo mismo que los movimientos que producen.

24. **Principios.** 1.° Un punto material solicitado por dos fuerzas iguales opuestas entre sí sobre una misma línea recta, permanece en equilibrio.

2.° Si las fuerzas son desiguales, el cuerpo se mueve como si fuese solicitado únicamente en la direccion de la mayor, i con una intensidad igual a su diferencia.

3.° Si las dos fuerzas obran en un mismo sentido, el cuerpo se mueve como si estuviese solicitado por una fuerza única i con una intensidad igual a la suma de las dos fuerzas.

4.° Si dos fuerzas que obran sobre un punto material forman un ángulo, este punto seguirá la diagonal del paralelógramo que tenga por lados las dos rectas que representan las direcciones e intensidades de las fuerzas primitivas. Ademas el punto material será movido como si estuviese solicitado por una fuerza única, representada en intensidad por la diagonal del paralelógramo—Esta fuerza se llama *resultante,* puesto que proviene de las otras dos que se denominan *componentes*.

25. Composicion i descomposicion de las fuerzas que obran sobre un punto. De este último principio se deduce: 1.º que podemos sustituir a la accion de dos fuerzas que obran sobre un mismo punto material, la de una fuerza única que sea su resultante (fig. 2). Así podemos sustituir a las fuerzas P, Q, que obran sobre el punto A, su resultante R.

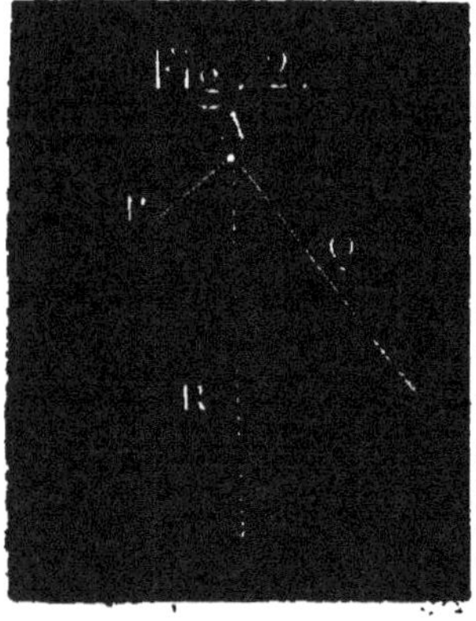

2.º Recíprocamente cuando un punto está puesto en movimiento en virtud de una sola fuerza, se puede sustituir a la accion de esta fuerza única la de otras dos fuerzas que se miren como componentes de la primera. Efectivamente podemos sustituir a la fuerza R sus componentes P, Q (fig. 2).

3.º Finalmente, cuando un punto material está solicitado por un gran número de fuerzas, podemos sustituir a la accion de todas ellas la de una fuerza única que sea la resultante de todas las demas combinadas sucesivamente. En efecto, supongamos al cuerpo A solicitado por las fuerzas P, Q, N; la resultante de P, Q será S, i la resultante de S i N, T, que será la resultante final (fig. 3).

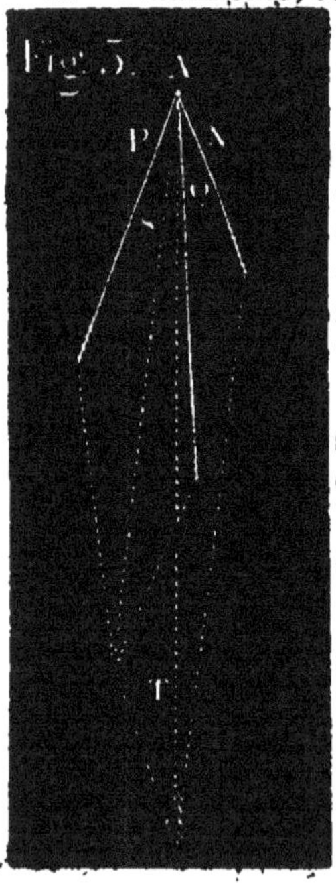

26. Aplicaciones. De esta teoría se ven continuas aplicaciones. Si un barquero desde la orilla de un rio se dirije hácia un punto determinado en la orilla opuesta, no parte desde un punto situado frente a donde camina, sino que rompe su camino desde un punto mas alto, o dirije el barco en línea mas alta, para que combinadas las fuerzas de los remos i la de la corriente, formen la diagonal o resultante que le ha de conducir a su destino, La resultante de las fuerzas combinadas nos esplica tambien por qué dos embarcaciones impelidas por el mismo viento pueden navegar en direcciones diametralmente opuestas, i otros fenómenos de esta especie.

27. **Fuerzas paralelas. Principios.** 1.º La resultante de dos fuerzas paralelas es igual a su suma cuando obran en un mismo sentido, e igual a su diferencia cuando obran en sentido contrario.

2.º La resultante de dos fuerzas paralelas es paralela a las componentes.

3.º Esta resultante está aplicada a un punto tal que las perpendiculares tiradas de este punto a las direcciones de las fuerzas están en razon inversa de las intensidades de estas últimas, es decir, este punto se halla mas cerca de la mayor de las dos i tanto mas cerca cuanto mas excede en intensidad esta fuerza a la primera.

Este punto de aplicacion de la resultante se llama *centro de las fuerzas paralelas* i tiene la propiedad de *no cambiar de lugar aun cuando las fuerzas cambiasen de direccion guardando el paralelismo.* A la menor distancia de esta direccion al dicho punto o bien al punto fijo o al eje a cuyo alrededor puede un cuerpo jirar, se llama *distancia de una fuerza*; i el producto de una fuerza por su distancia, *momento estático*, o simplemente momento de una fuerza.

Cuando dos fuerzas paralelas, iguales, obran en sentido contrario i se hallan aplicadas a dos puntos distintos unidos entre sí invariablemente, los dos puntos se mueven aunque la resultante parece ser igual a 0 i no se puede equilibrar la accion de estas dos fuerzas sino aplicando a cada punto una fuerza igual i contraria a la que obra sobre él. Un sistema de fuerzas de esta especie se denomina *un par de fuerzas* o bien *una pareja de fuerzas.*

28. **Composicion de las fuerzas paralelas.** Segun los principios propuestos, resulta: 1.º que si tenemos dos fuerzas paralelas aplicadas a las estremidades de una recta inflexible, i obrando en un mismo sentido, obtendrémos su resultante sumando dichas fuerzas i buscando su *centro.* En efecto, sean P i Q las fuerzas paralelas que obren en un mis-

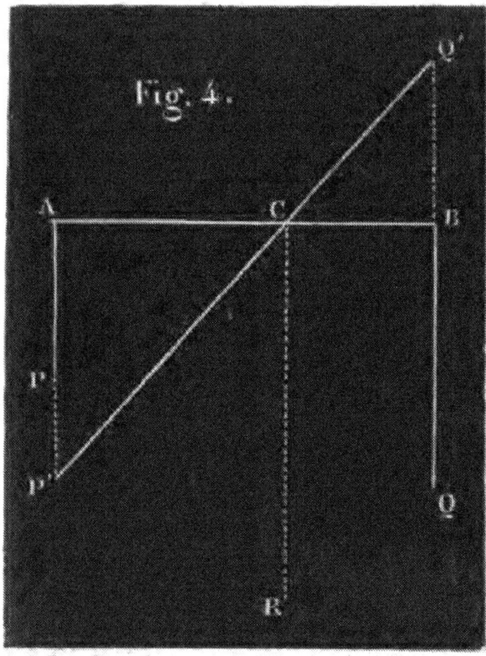

mo sentido sobre la recta inflexible A B (fig. 4) su resultante será CR igual a su suma, esto es, P + Q = CR. Esta resultante pasará por el punto C, puesto que, segun el tercer principio, el punto de aplicacion C divide la recta AB en la razon recíproca de P a Q; por manera que tenemos la proporcion:

$$P : Q :: BC : AC$$

i tambien

$$P \times AC = Q \times BC,$$

cuya ecuacion nos dice que *una fuerza multiplicada por su distancia al punto de aplicacion de la resultante o centro de las fuerzas, es igual a la otra fuerza multiplicada por su distancia al mismo punto.*

Por consiguiente si las rectas AP i BQ representan la intensidad de las fuerzas PQ; para hallar el punto de aplicacion C de su resultante, bastará prolongar QB en una cantidad BQ'=AP, tomar AP'=BQ, i tirar P'Q', que cortará la recta AB en el punto buscado.

2.° Que para hallar la resultante de un sistema de fuerzas paralelas, es suficiente buscar la resultante de las dos primeras, i hallar luego la resultante de esta resultante combinada

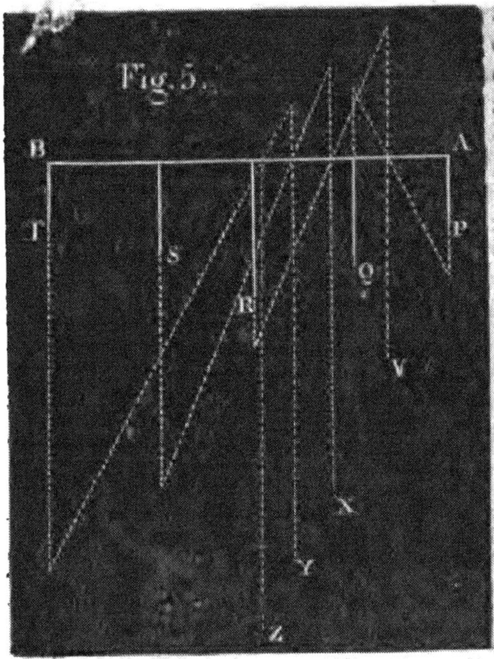

con la tercera; i así de las demas. En efecto, sean las fuerzas P Q R S T (fig. 5) las que obran en un mismo sentido sobre la recta AB, V seria el resultante de PQ, X de V R, Y de X S, Z de Y T. Por manera que Z seria la resultante final.

3.° Del mismo modo hallaríamos la resultante final de un sistema de fuerzas paralelas que obrasen sobre una recta en diversos sentidos, cuya resultante seria igual a la diferencia de las sumas de las que obrasen en uno i otro sentido.

29. **Condiciones jenerales del equilibrio.** Un cuerpo libre solicitado por una sola fuerza no puede estar en equilibrio.

Un cuerpo libre solicitado por dos fuerzas solo estará en equilibrio si estas fuerzas son iguales, si obran en sentido contrario i siguiendo una misma recta. Un cuerpo suspendido de un hilo está en este caso.

Si las dos fuerzas iguales que obran en sentido contrario son paralelas, no podrá establecerse jamas el equilibrio.

Para que pueda establecerse el equilibrio por una sola fuerza en un cuerpo libre sobre el cual obran otras varias en sentidos contrarios, es necesario que estas fuerzas admitan una resultante única.

Un cuerpo estará en equilibrio cuando la resultante de todas sus fuerzas se reduzca a cero.

Cuando la resultante de las fuerzas pasa por el punto a que está sujeto el cuerpo, hai equilibrio; pero en el contrario el cuerpo jira al rededor de este punto, como por ejemplo, la aguja de una brújula.

Tambien habrá equilibrio siempre que la resultante de las fuerzas pase por el eje determinado por los dos puntos fijos a que el cuerpo está sujeto, o sea paralela al mismo eje: en el caso contrario, los cuerpos jiran al rededor del eje, como las *balanzas*, las *poléas*, etc.

Cuando se establece el equilibrio en virtud de dos fuerzas, el momento de la fuerza que tiende a hacer jirar el cuerpo en un sentido, debe ser igual al momento de la fuerza que tiende a hacerle jirar en el sentido opuesto.

En jeneral, sea cual fuese el número de fuerzas, para que haya equilibrio, es necesario que la suma de los momentos de las fuerzas que obran en un sentido sea igual a la suma de los momentos de las fuerzas que obran en sentido opuesto.

Finalmente, otro de los principios que importa conocer, es que se pierde siempre en tiempo o en velocidad lo que se gana en fuerza, i recíprocamente que se pierde en fuerza lo que se gana en velocidad.

§ 3. *Aplicaciones de los principios de estática a las máquinas mas simples.*

1. Las *máquinas* son unos instrumentos destinados a trasmitir la accion de las fuerzas, modificándolas de un modo conforme al objeto propuesto, por manera que la *máquina* es todo aparato destinado a cambiar la direccion, la especie o la velocidad del movimiento. Estas modificaciones se efectúan por medio de *obstáculos* que estorbando los movimientos no les permiten obrar sino en determinadas direcciones o por lo ménos dentro de ciertos límites.

2. Tres cosas deben considerarse en las máquinas: 1.ª el cuerpo que se quiere poner en equilibrio, i que se denomina *resistencia;* 2.ª la fuerza empleada pora producir el equilibrio, llamada *potencia;* i 3.ª el punto fijo por donde pasa la resultante del sistema denominado *punto de apoyo*.

3. Pueden reducirse a tres las máquinas simples segun la naturaleza del *obstáculo*: 1.ª la *palanca;* 2.ª el *torno;* 3.ª el *plano inclinado*. En la *primera*, el *obstáculo* es un punto fijo a cuyo rededor el cuerpo puede jirar en todos sentidos; en

la *segunda*, el *obstáculo* es una recta o eje fijo al rededor del cual los diferentes puntos del cuerpo solo pueden jirar en planos paralelos entre sí; i en la *tercera*, el *obstáculo* es un plano inalterable contra el cual se apoya el cuerpo, i sobre el que puede deslizarse o rodar (1).

4. **Palanca.** La *palanca* puede considerarse como una barra inflexible de cualquier forma, móvil al rededor de un punto fijo que la divide en dos *brazos* desiguales, solicitado a cada uno de ellos por una fuerza. Para el equilibrio es necesario que estas dos fuerzas estén en un mismo plano con el punto de apoyo; que sus *momentos* respecto a este punto sean iguales, i que tiendan a hacerla jirar en sentido contrario.

Mas jeneralmente, si la palanca está solicitada por un número cualquiera de fuerzas, es necesario para el equilibrio, que todas ellas tengan una resultante única que pase por el *punto de apoyo;* i que la suma de los *momentos* que hacen jirar la máquina en un sentido, sea igual a la suma de los *momentos* que tienden a hacerla jirar en el opuesto.

6. En el caso en que la palanca esté solo solicitada por dos fuerzas, puede considerarse la una como la *potencia* i la otra como la *resistencia*. Se distinguen entónces *tres jéneros de palancas*, segun el lugar que ocupe el *punto de apoyo*, relativamente a estas dos fuerzas.

Primer jénero. En la *palanca* del *primer jénero* (fig. 6) el *apoyo* A cae entre la *potencia* P i la *resistencia* R; i la potencia está tanto mas aventajada cuanto mayor sea el brazo de la palanca sobre que ejerza su accion. Ejemplos: las *tijeras*, las *tenazas*, las *despaviladeras*, las *balanzas*, las *romanas*, etc.

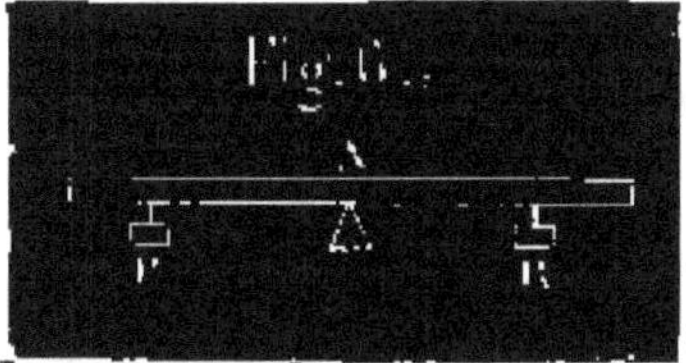

Segundo jénero. En la *palanca* del *segundo jénero* (fig. 7) la *resistencia* R está colocada entre el *apoyo* A i la *potencia* P, la cual tiene siempre la ventaja puesto que esta aumenta a proporcion de su distancia al

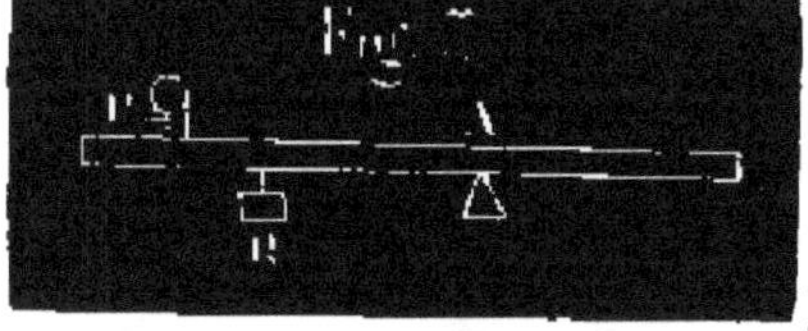

(1) En todo cuanto digamos acerca de las máquinas simples, harémos abstraccion de las circunstancias físicas que pueden influir en el equilibrio de los cuerpos.

punto de apoyo. Ejemplos : los *remos*, los *fuelles*, el *timon* de los barcos, las *puertas*, etc.

Tercer jénero. Finalmente, en la palanca del *tercer jénero* (fig. 8) la *potencia* P obra entre la *resistencia* **R** i el *punto de apoyo* A. En este jénero la resistencia está siempre aventajada. Ejemplos : las *pinzas*, los *cuchillos*, el *antebrazo*, etc.

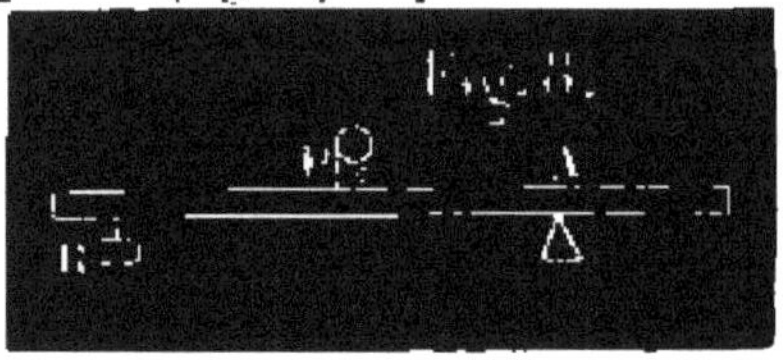
Fig. 8.

7. **Poléa**. Esta máquina se compone de tres partes : 1.ª una rueda circular cuyo contorno presenta una cavidad igual o carril, propia para recibir una cuerda ; 2.ª un eje a cuyo alrededor jira la rueda ; i 3.ª una *chapa* o *armazon* que abraza toda la máquina i donde se apoya el eje.

Cuando la *chapa* está unida a un punto fijo, la poléa solo puede jirar sobre sí misma sin cambiar de lugar, i se llama *polea fija*.

Cuando una estremidad del cordon está unida a un punto fijo i la resistencia a la chapa, la poléa jira no solo sobre sí misma, sino que sube i baja por efecto de la potencia, i la poléa se llama *móvil*.

8. **La teoría de las poléas es la misma que la de las palancas.** Los dos *cordones* tendidos PR (fig. 9) son unas tanjentes a la circunferencia de la poléa e indican la direccion de las fuerzas ; los *radios p r* de la poléa que terminan en los dos puntos de tanjencia, son los dos brazos de la palanca, cuyo punto de apoyo está en *m* si la poléa es fija, i en una estremidad de los cordones si es móvil.

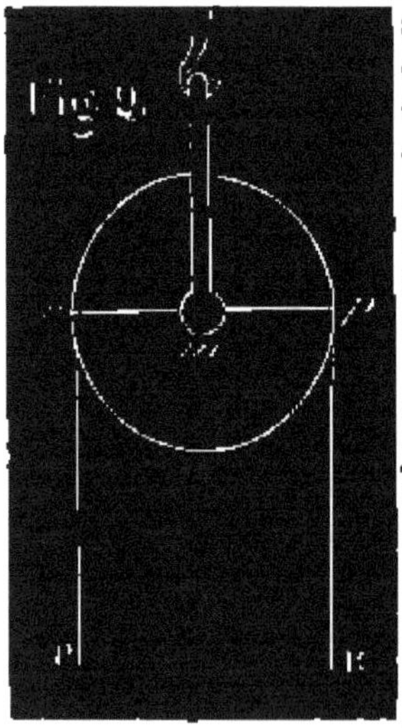
Fig. 9.

Por consiguiente la poléa fija queda reducida a una palanca del primer jénero. Para obtener equilibrio es necesario que los *momentos* de las fuerzas sean iguales ; i en efecto $P \times pm = R \times rm$; pero $pm = rm$ por radios de una misma circunferencia, luego $P = R$. De aquí se infiere que la potencia nada adelanta en fuerza con el servicio de esta máquina; pero proporciona la ventaja de actuar de un modo mas favorable a la direccion de la gravedad, fuerza de que luego nos ocuparémos.

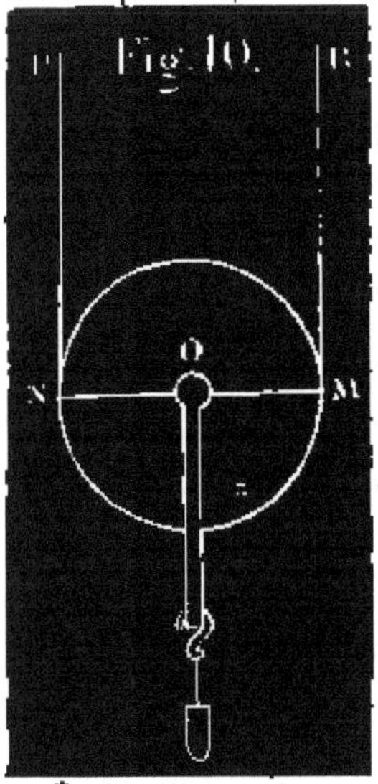

La *poléa móvil* es una palanca de segundo jénero. El punto de apoyo se halla fijo en la estremidad de la cuerda r (fig. 10) i podemos concebirle trasladado al punto de tanjencia M: la potencia a la estremidad de la cuerda P i por consiguiente en el punto de tanjencia N: la resistencia se halla en el centro O entre la potencia i el punto de apoyo pendiente de la *chapa* o *armazon* sostenido en el eje de la poléa. Por tanto resulta que $P \times NM = R \times OM$, se deduce que la potencia en esta máquina se halla doblemente aventajada que la resistencia, puesto que $NM = 2\ OM$.

8. **Polipastro o tróculas.** Sistema de poléas reunidas en una misma armazon o sobre ejes particulares o sobre uno mismo.

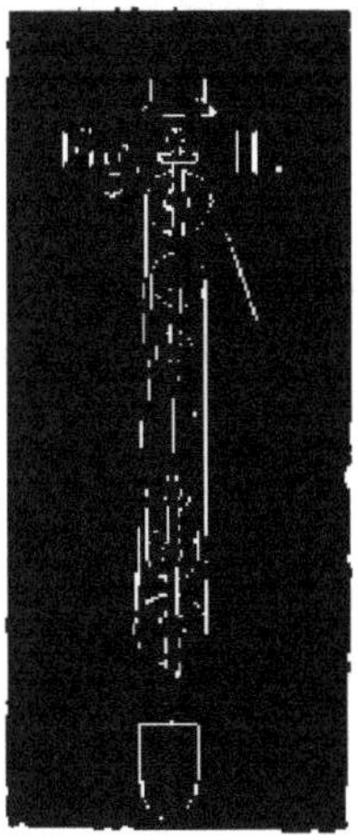

La figura 11 representa un polipastro fijo,

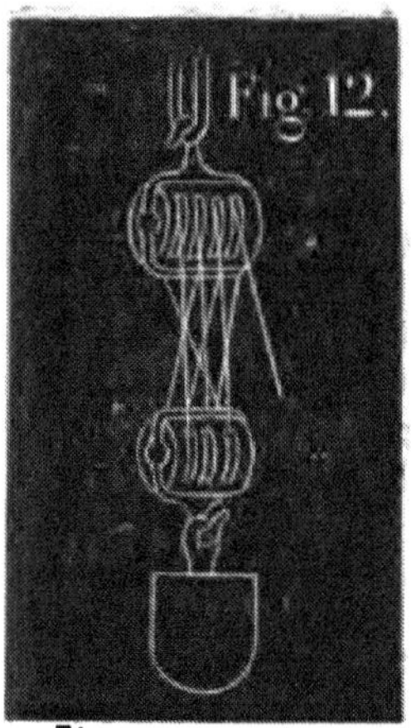

La figura 12 uno móvil.

Usos. Vemos ejemplos frecuentes del uso de los polipastros en los aparejos de los buques, i en las construcciones para subir grandes piedras, etc.

10. **Torno.** Consiste en un árbol o cilindro en cuyas bases se adaptan jeneralmente dos cilindros de menor diámetro, que descansan sobre dos apoyos fijos. A veces sustituyen estos cilindros unos *manubrios*, i otros unas ruedas provistas de palancas.

El eje del torno puede ser horizontal o vertical: en este último caso se llama mas particularmente *cabrestante*.

11. El cilindro jirando sobre los otros dos cilindros se halla en el mismo caso que si jirase sobre un eje considerado como una línea fija. La *resistencia* que hai que vencer está aplicada a una cuerda que se enrosca en el cilindro, i la *potencia* le hace jirar, obrando, ya tanjencialmente a la rueda perpendicular al eje de este cilindro e invariablemente unida a él, ya a la estremidad de una barra fija en ángulo recto sobre el eje del cilindro, ya por medio de un manubrio o palanca colocada rectangularmente, uno de cuyos brazos está fijo perpendicularmente al eje del cilindro.

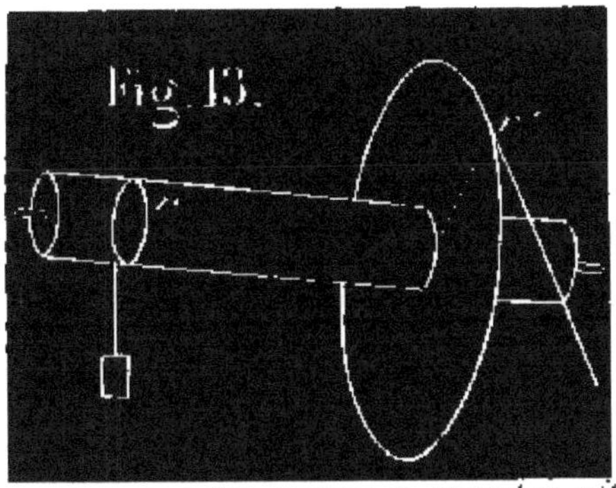

Para obtener el equilibrio de esta máquina es necesario que la *potencia* sea a la *resistencia* como el radio del *cilindro* es al *radio de la rueda* (fig. 13); esto es:

P : R :: r : r'; de donde P×r'=R×r.

12. **Usos.** Esta máquina está destinada a levantar grandes masas a grandes alturas.

13. **Ruedas dentadas.** Estas ruedas ofrecen el ejemplo de un sistema de tornos de ejes paralelos. El cilindro del primero a que está aplicada la *potencia* P (fig. 14) se hace entónces tanjente a la rueda del segundo, i el cilindro de este tanjente a la rueda del tercero, i así de los demas. La *resistencia* R obra tanjencialmente al árbol del último torno. Las ruedas i los cilindros están provistos de una série de dientes igualmente espaciados, de manera que cada una de estas ruedas no puede jirar sobre su eje sin que el cilindrito jire al propio tiempo sobre el suyo.

14. La condicion del equilibrio en estas *ruedas* es que la *potencia* sea a la *resistencia* como el producto de los *rádios* de los *cilindros* es al producto de los rádios de las ruedas.

15. **Usos.** Las ruedas de los relojes nos ofrecen aplicaciones injeniosas de las ruedas dentadas.

16. **Ruedas.** En una rueda colocada sobre un plano horizontal perfectamente liso, se puede considerar el rádio sobre el cual se ejerce la presion, como una palanca; el punto de apoyo está contra el terreno, i la potencia i la resistencia están aplicadas a la otra estremidad del rádio. Las asperezas contínuas de los caminos impiden que la resistencia pase contínuamente por el punto de apoyo de la rueda, por manera que la palanca sobre que obran las fuerzas, no puede considerarse como perpendicular al suelo. Al subir una cuesta las

ruedas altas facilitan la potencia proporcionalmente al cuadrado de su diámetro; pero la perjudican en igual proporcion al bajar.

17. **Plano inclinado.** Es un plano que forma un ángulo agudo con el horizonte. A proporcion que este ángulo sea mas o ménos agudo, el plano será mas o ménos inclinado.

18. Un cuerpo colocado sobre un plano inclinado permanecerá en equilibrio si la resultante de todas las fuerzas que obran sobre él es perpendicular al plano i pasa por la base en que se apoya el cuerpo.

Cuando un cuerpo no puede permanecer en equilibrio por sí mismo, es necesario para conseguirlo, que la *potencia*, obrando *paralelamente* al *plano*, sea a la *resistencia* como la *altura* del plano es a su *longitud*. Si la *potencia* obra *paralelamente* al *horizonte*, es necesario para conseguir el equilibrio que la *potencia* sea a la *resistencia*, como la *altura* del plano es a su *base*. La direccion mas ventajosa a la potencia es la paralela a la lonjitud del plano inclinado.

19. **Usos.** Se emplea el plano inclinado para subir grandes fardos con pocas fuerzas. Podemos determinar de un modo exacto la necesaria para subir un cuerpo por este medio.

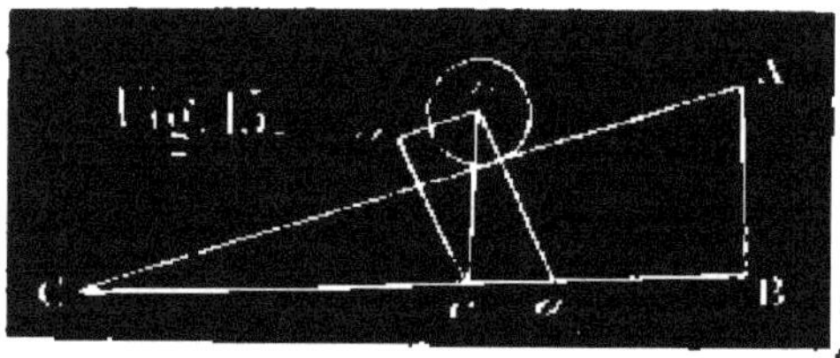

Supongamos el cuerpo M (fig. 15) que se quiere subir por el plano inclinado A B C. Hai una fuerza que solicita el cuerpo al descenso llamada de gravedad, que representarémos por *r c*. Pero podemos descomponer esta en otras dos *r a* paralela al plano, i *r o* perpendicular al mismo. Esta queda destruida por el plano, i por consiguiente solo tenemos que vencer la *r a* en la proporcion que dejamos sentada.

Fundados en las propiedades del plano inclinado se hacen los caminos cuando hai que subir una pendiente, no en línea recta, sino en una poligonal o quebrada que jira por lo regular al rededor de las montañas que se quieren pasar.

20. **Cuña.** La *cuña* es un prisma triangular que la fig. 16

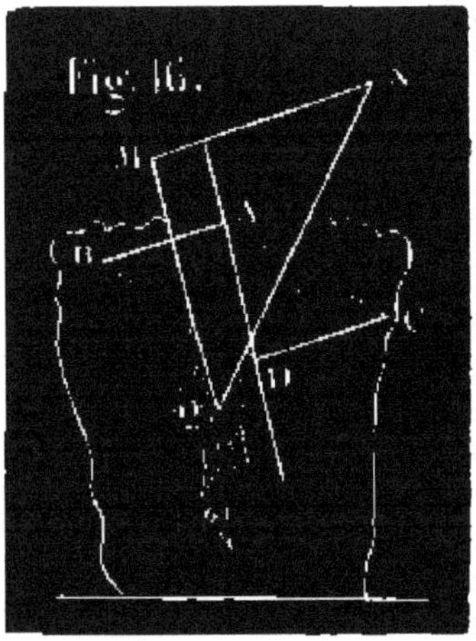

representa vista por una de su bases M N Q, i que se introduce por una de sus aristas Q entre dos obstáculos, para ejercer lateralmente dos fuerzas que tiendan a separarles. La arista Q se llama la *cortante* de la cuña; las caras adyacentes MQ, NQ se denominan los *lados* i la cara MN la *cabeza*. Sobre este último se ejerce el golpe o presion.

21. La condicion de equilibrio de la *cuña* se deduce evidentemente de la relativa a un cuerpo solicitado por dos fuerzas sobre un plano inclinado, i consiste en que la *potencia*, estando representada por la *cabeza* de la cuña, las dos fuerzas que resultan perpendicularmente a los *lados* están representadas por estos mismos lados. Por consiguiente, cuando la cuña se emplea para hendir un cuerpo, habrá equilibrio, si la *potencia* es a la *resistencia* como la mitad del *lomo* de la cuña es a la lonjitud de uno de sus *lados*. Cuando la cuña se emplea para separar dos cuerpos, habrá equilibrio si la *potencia* es a la *resistencia* como la lonjitud del *lomo* es al *doble* de la altura de la *cuña*. De cuyo principio se deduce que la potencia tiene tanta mayor ventaja cuanto menor sea el lomo de la cuña, i cuanto mas haya penetrado esta.

22. **Tornillo.** El *tornillo* es un cilindro recto (fig. 17 i 18) revestido de un *filete* saliente enjendrado por un plano de un paralelógramo, de un triángulo o de una figura cualquiera, que apoyándose por su base sobre una jeneratriz, jira al rededor del eje del cilindro, formando siempre el mismo ángulo con la seccion *intermedia*, i bajando a lo largo de una *helice* trazada en su superficie.

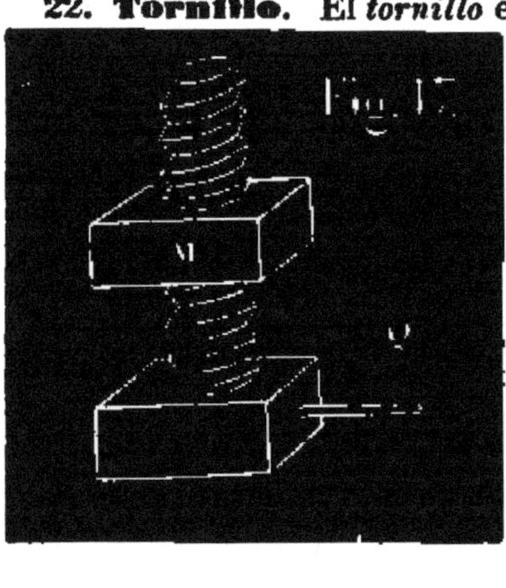

Todos los puntos del *filete*

del tornillo pertenecen a helices del mismo paso, llamadas *paso del tornillo*, descritas en cilindros de un mismo eje, pero de rádios diferentes. La *tuerca* es el molde que obtendríamos rodeando el cuerpo del tornillo de materia elástica. En las figuras 17 i 18 la *tuerca* está colocada en lo interior de la pieza M.

Si el *tornillo* es fijo (fig. 18), la *tuerca* que es únicamente inmóvil, está solicitada por dos fuerzas solamente, la una paralela al eje que tiende a hacerla bajar jirando al rededor del mismo eje, la otra en su plano perpendicular al propio eje i que tiende a hacerle subir en sentido contrario.

23. La condicion de equilibrio es que la *potencia* sea a la resistencia ejercida en el sentido del eje, como el *paso del tornillo* es a la *circunferencia* que tiende a describir la potencia; cuya condicion no se altera cuando la tuerca es fija i el tornillo móvil (fig. 18). Unicamente en el primer caso la *tuerca* adelanta en el sentido en que suben las espirales del tornillo i que marcha en sentido contrario, es decir, hácia la cabeza del tornillo en el segundo caso.

24. La teoría del *tornillo* es igual a la del plano inclinado. En efecto, el *filete* desarrollado es un plano inclinado que tiene por altura el paso del tornillo i por base la circunferencia desarrollada del cilindro.

La *potencia* está aplicada a la palanca de que está provista la cabeza del tornillo, i la *resistencia* obra paralelamente al eje del tornillo.

Para la mayor intelijencia de lo que acabamos de esponer,

consideremos un cilindro recto AB CD (fig. 19) cuya super-

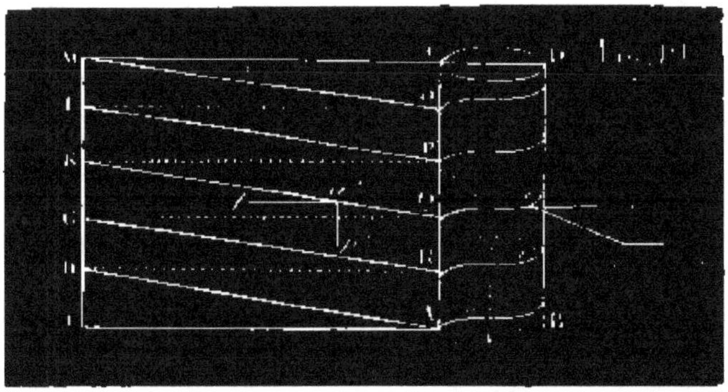

ficie convexa se desarrolle en un plano segun el rectángulo A E M C. Dividimos las alturas A C, E M en un mismo número de partes iguales, i tiremos las trasversales AH, RG, QK, etc. Si doblamos de nuevo el rectángulo A E M C sobre el cilindro, dichas trasversales trazarán sobre él una curva contínua que se llama *helice*. Cada una de aquellas determina una *espiral* de A a R, de R a Q, de Q a P, etc., etc. Las porciones de una jeneratriz cualquiera del cilindro comprendidas entre varias espirales consecutivas son iguales, i este intérvalo constante es el *paso de la hélice*. La propiedad fundamental de esta es de estar por todas partes igualmente inclinada a las diversas jeneratrices de la superficie cilindrica.

Esto supuesto podemos comparar la posicion de un punto *a* situado sobre la hélice i solicitado por varias fuerzas, a la de un punto *a* situado sobre un plano inclinado Q K, teniendo por base Q K, lonjitud desarrollada de la circunferencia del cilindro recto i por altura H K paso de la helice. Si el punto *a* está en equilibrio bajo la influencia de dos fuerzas, la una *p* vertical i la otra *f* horizontal, i obrando a la estremidad de un brazo de palanca *o b*, la relacion entre dos fuerzas será igual a la de la circunferencia que tiende a describir la potencia *q* al paso de las helices, siendo por consiguiente independiente del radío del cilindro.

25. **Tornillo sin fin.** Es una máquina compuesta de un *tornillo comun* que engrana con una rueda dentada, llevando sobre su eje un tambor o cilindro.

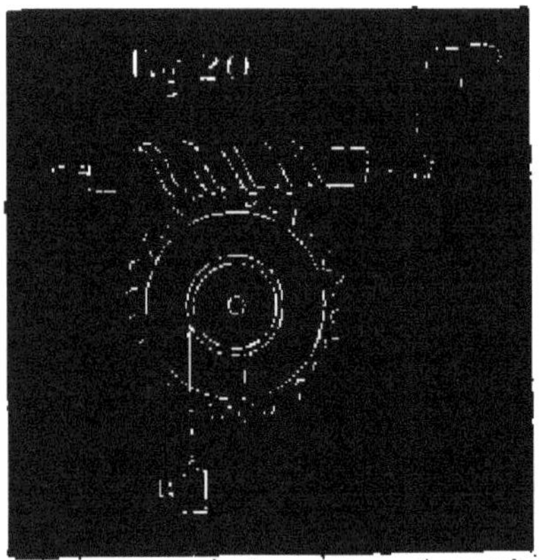

El *tornillo sin fin*, representado en la fig. 20 es móvil al rededor de su eje i conduce los dientes sucesivos de una rueda, a la cual se presenta siempre su filete de un modo uniforme,

En el caso de equilibrio la potencia P aplicada en el manubrio, es al esfuerzo con el cual el filete pasa por el diente de la rueda como el *paso del tornillo* es a la circunferencia que tiende a describir la potencia.

26. **Usos.** Los usos del tornillo son mui comunes en las artes: las camas i otras muchas piezas de ebanistería se arman con tornillos: i el encuadernador i otros muchos artistas le emplean tambien en sus respectivos oficios.

1.ª SECCION.—DE LA GRAVEDAD.

§ I. *De los efectos jenerales de la gravedad.*

1. La *gravedad* o *pesantez* es la fuerza que hace caer los cuerpos, i se define diciendo que es el *esfuerzo que ejerce un cuerpo para precipitarse hácia el centro de la tierra.*

2. Se considera la *gravedad* como el efecto de una atraccion o de una fuerza que tiende a aproximar todos los cuerpos entre sí.

3. Cuando esta fuerza obra a grandes distancias se le dá mas perfectamente el nombre de gravitacion.

4. La gravedad considerada como fuerza tiene tres elementos que se necesitan conocer: su punto de aplicacion, su direccion i su intensidad.

1.º **Puntos de aplicacion**. La gravedad está aplicada a todos los átomos de los cuerpos, puesto que un cuerpo tiene exactamente el mismo peso reducido a polvo, que cuando sus moléculas están unidas por la cohesion.

2.º **Direccion**. La direccion de la gravedad es la línea

recta, segun la cual caen los cuerpos libremente abandonados a sí mismos; i se denomina *vertical*. La direccion de un punto está determinada por la plomada en equilibrio, que se llama su línea de reposo. Puede decirse tambien que es perpendicular a la superficie de las aguas tranquilas.

Observacion. Siendo la tierra próximamente esférica, todas las verticales concurren hasta su centro, de lo que resulta que las verticales de dos puntos lejanos forman entre sí un ángulo sensible; pero en los diferentes puntos de un mismo cuerpo i aun en cuerpos poco separados, las verticalos pueden considerarse como paralelas porque la distancia a que se encuentra, es infinita relativamente a la distancia que las separa.

3.° **Intensidad**. Siendo la gravedad una fuerza contínua, su medida depende de la naturaleza del movimiento que imprime a los móviles. Estudiemos, pues, las leyes de la caida de los cuerpos.

§ II. *Leyes de la caida de los cuerpos.*

1. El conocimiento de las leyes de la caida de los cuerpos se debe a Galiléo.

2. 1.ª Todos los cuerpos caen en el vacío con la misma velocidad. La desigualdad que se observa en la caida de los cuerpos, solo se debe a la resistencia del aire.

Esperiencias. Para demostrar esta lei se hace el vacío en un tubo de cristal de cinco a seis pies de largo, que contenga cuerpos de diferentes densidades, como balas de plomo, de corcho, de papel.... Invirtiendo el tubo rápidamente, todos estos cuerpos llegan al fondo a un mismo tiempo; pero si se deja entrar en el tubo un poco de aire, los cuerpos mas lijeros comienzan a quedarse atras, i cuando el tubo está enteramente lleno de aire, los cuerpos caen en tiempos mui desiguales.

3. 2.ª La gravedad, a poca distancia del globo, es una fuerza aceleratriz constante, que imprime a los cuerpos por ella solicitados un movimiento uniformemente variado, es decir, en el cual la *velocidad crece proporcionalmente al tiempo, i el espacio recorrido proporcionalmente al cuadrado del tiempo.*

4. **Esperiencias.** Para demostrar estos hechos, es necesario hallar el medio de retardar la velocidad del móvil sin alterar las leyes del descenso para lo cual podemos valernos de dos medios.

5. 1.º **Plano inclinado de Galiléo.** Concibamos una bola metálica que en lugar de caer verticalmente, ruede sobre un plano inclinado (fig. 15). Sea cual fuere la posicion de este móvil, su peso, que está aplicado verticalmente a su centro *r*, podrá descomponerse en dos fuerzas: la una *r o* perpendicular al plano i destruida por su resistencia; la otra *r a* paralela al plano, i que es la única efectiva. Ahora bien, los dos triángulos rectángulos i semejantes A B C, *a r c* dan la proporcion *a r* : *r c* :: A B : AC. De donde se sigue que la gravedad efectiva *a r* es a la gravedad real *r c*, como la altura del plano inclinado es a su lonjitud.

El plano inclinado de Galiléo consiste en una cuerda mui lisa de 10 metros de largo, tendida entre dos puntos fijos uno mas bajo que el otro, sobre la cual se hace rodar una poléa convenientemente dispuesta. Observando, pues, el descenso de esta poléa, se ha comprobado que los espacios parciales recorridos por la poléa en cada unidad de tiempo siguen la relacion de los números 1, 3, 5, 7..... i los espacios totales la del cuadrado de los tiempos empleados en correrlos, de lo que se deduce que la *gravedad* es una fuerza *aceleratriz constante.*

6. **Máquina de Atwood.** Esta máquina llena el mismo objeto que el plano inclinado, pero de una manera mas satisfactoria (fig. 21). Compónese de una poléa mui lijera que jira con una perfecta movilidad al rededor de un eje horizontal. En el carril de la poléa se enrosca un hilo de seda mui fino, a cuyas estremidades están suspendidos dos pesos iguales. Estos dos pesos se equilibran mútuamente en todas las posiciones posibles. Pero si sobre uno de estos pesos se coloca una pequeña masa adicional *m*, el equilibrio se romperá i la masa *m* arrastrará todo el sistema con un movimiento comun. Un cálculo sencillo nos demostraria la relacion en que está disminuida la velocidad de los cuerpos pesados sin cambiar la naturaleza de su movimiento. Esto supuesto, para servirse del aparato se dispone en el tránsito de la masa *m* una regla vertical dividida en partes iguales, sobre la cual se mueve un anillo destinado a detener el móvil despues de un tiempo dado.

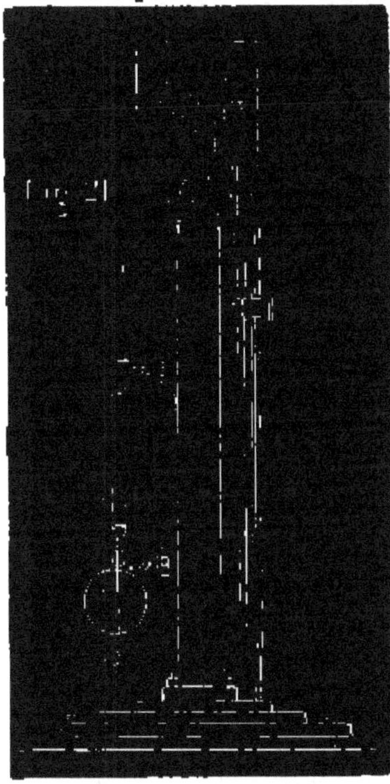

Fig. 21

Se adapta tambien a la máquina un reloj de segundos.

7. **Comprobacion de la lei de los espacios.** Supongamos ahora que se haya marcado 0 i 1 a las estremidades del espacio que recorre el peso móvil en un segundo. Colocando sucesivamente el *obstáculo* fijo a las distancias 4, 9, 16..... se reconoce que el peso choca con dicho obstáculo al cabo de 2, 3, 4.... segundos, lo que demuestra la lei enunciada. Se ve tambien que el móvil habiendo recorrido una division en el primer segundo, recorre tres en el segundo, cinco en el tercero, etc.

8. **Comprobacion de la lei de las velocidades.** Con este objeto se fija sobre la escala dividida una especie de anillo, de un diámetro suficiente para dejar pasar el peso sin tocarle, pero sus bordes detienen la masa adicional que tiene una forma prolongada. A contar desde este instante el movimiento se hace uniforme. Ahora bien : la esperiencia prueba que dejando entónces al móvil moverse durante un tiempo igual al trascurrido hasta sacarle el peso adicional, recorre un espacio doble del recorrido ántes. Segun esto podrá formarse la tabla siguiente:

Tiempos de la caida.	Espacio recorrido con un movimiento variado.	Espacio recorrido uniformemente en un tiempo igual.	Velocidad adquirida al fin de de cada unidad.
1"	.... 1	.... 2	.... 2 ....
2"	.... 4	.... 8	.... 4 ....
3"	.... 9	....18	.... 6 ....
4"	....16	....32	.... 8 ....

9. **Intensidad de la gravedad.** Puesto que la gravedad imprime a los cuerpos que obedecen libremente a su accion un movimiento uniformemente variado, debemos concluir que es una fuerza aceleratriz constante, i que tendrá por medida la velocidad que comunica en un segundo a la unidad de la masa.

10. **Disminucion de la gravedad por la elevacion.** La intensidad de la gravedad solo es constante a mui cortas distancias de la superficie del globo. Cuando la distancia es comparable al radio terrestre, la gravedad decrece en razon inversa del cuadrado de la distancia. En la cumbre de las altas montañas, esta disminucion es ya sensible.

11. Reasumiendo lo dicho, podemos inferir las leyes siguientes: 1.ª En un mismo punto del globo la fuerza de gravedad es constante, i el movimiento que resulta para el cuerpo que está libremente sometido a ella, es *uniformemente acelerado*; 2.ª la velocidad adquirida de este cuerpo es propor

cional al tiempo; 3.ª los espacios recorridos son proporcionales a los cuadrados de los tiempos; 4.ª si la accion de la gravedad cesase, el cuerpo movido uniformemente en virtud de su velocidad adquirida, describiria en un tiempo igual al de su caida un espacio doble del que hubiese recorrido.

12. Estas leyes están comprendidas en fórmulas mui sencillas.

Para deducirlas llamemos g la velocidad que comunica al cuerpo la fuerza de la gravedad en cada unidad de tiempo: estas velocidades sucesivas serán g, $2g$, $3g$, etc. i al cabo de un número de *segundos* o unidades de tiempo que espresarémos por t, la velocidad adquirida será g tomada tantas veces como unidades hubiese en t, de modo que será $g\ t$: luego si llamamos V a la velocidad que adquiere el cuerpo en el tiempo t tendremos $V=gt$.

Para deducir la fórmula del espacio, supongamos que el cuerpo recibiere una impulsion a independiente de la fuerza de la gravedad, para hallar la lei de este movimiento seria suficiente añadir a los términos de esta progresion dicha cantidad a, $a+g$, $a+2g$, $a+3g$ i en jeneral $a+gt$.—Por consiguiente el espacio total recorrido por el cuerpo seria igual a la suma de esta progresion, esto es, $E=(a+a+g\ t)\frac{t}{2}=(2\ a+g\ t)\ \frac{t}{2}$; si suponemos $a=0$, tendríamos la fórmula $E=\frac{1}{2}\ gt^2$; i como $V=g\ t$ seria $E=\frac{1}{2}\ Vt$: lo que nos dice: que *el espacio es igual a la mitad del producto de la velocidad por el tiempo.*

13. En Madrid se ha comprobado que un cuerpo recorre en su caida libre 17,58 pies, lo que dá 35,16 pies para la velocidad del cuerpo durante el primer segundo. Esta última cantidad es la *medida de la gravedad.* En el observatorio de Paris se ha obtenido $g=9^m.\ 80896$.

14. **Aplicaciones.** La fuerza aceleratriz de la gravedad es la causa de que una piedrecilla que cae de grande altura produzca un efecto mucho mas temible que una mucho mayor que caiga de una elevacion corta. Por la misma razon es mui peligroso saltar de grandes alturas, i son jeneralmente mortales las caidas de puntos elevados. La medida de la gravedad nos proporciona tambien el medio de medir una

altura cualquiera sabiendo el tiempo que ha invertido el cuerpo en correrla.

§ III.—*Peso.—Centro de gravedad.—Equilibrio de los cuerpos.—Balanza.*

1. **Peso.** Llámase peso de un cuerpo la resultante de las acciones que la gravedad ejerce sobre todos sus elementos materiales.

2. Esta resultante mide la presion que el cuerpo ejerce en e vacio sobre un plano horizontal que se oponga a su caida.

3. Las acciones que la gravedad ejerce sobre los cuerpos pueden considerarse como paralelas.

4. De lo dicho se infiere:

1.° Que el peso de un cuerpo es igual a la suma de las fuerzas elementales que le componen.

2.° Que el peso de un cuerpo es una fuerza vertical.

3.° Que el peso de un cuerpo es una fuerza que pasa siempre por un mismo punto interior, sea cual fuere la posicion del cuerpo relativamente al horizonte. Este punto recibe el nombre de *centro de gravedad.*

5. **Peso absoluto de los cuerpos.** Designando por g el peso de la unidad de masa de un cuerpo, por M su masa i por P su peso absoluto, tendrémos $P=Mg$; puesto que la cantidad g es igual en todos los cuerpos, sea cual fuese su naturaleza.

6. **Masa. Densidad. Peso específico.** La *masa* de un cuerpo es la cantidad de materia que le compone.

7. Todos los cuerpos, bajo un mismo volúmen, no encierran la misma masa, i por consiguiente no tienen el mismo peso.

8. Llámase *densidad* de un cuerpo la masa o la cantidad de materia que contiene bajo la unidad de volúmen, o bien lo que es lo mismo, la relacion de su masa a su volúmen.

Se llama *peso específico* de un cuerpo la densidad de este cuerpo comparada con la del agua tomada por unidad.

9. **Fórmula.** Designando el volúmen por V, la densidad por D, tendrémos $D=\frac{M}{V}$ o $M=VD$, i por consiguiente $P=VDg$, fórmula cuya aplicacion verémos luego.

Aunque en la fórmula $P=VDg$ aparecen las cantidades V, Dg de diversa naturaleza, fácil es de convencerse que el producto de ellas es producto de la masa por un número abstracto que espresa cuantas unidades de volúmen caben en el volúmen entero V. Porque siendo D la cantidad de materia M que el cuerpo contiene bajo la unidad de volúmen que podemos llamar v i g el peso de la unidad de masa de un cuerpo que puede ser, por ejemplo, un gramo, podemos dar a la mencionada fórmula la espresion siguiente:

$$P=V.\frac{M}{v}.g=\frac{V.M\,g}{v}$$

de manera que si v es un litro de algun líquido i V treinta i cuatro litros, el peso de 34 litros del mismo líquido será igual a 34 M gramos=34 M l.

10. **Equilibrio de los cuerpos pesados.** Para que un cuerpo pesado esté en equilibrio es necesario que su centro de gravedad esté sostenido por un punto, un eje o un plano fijo, porque entónces el peso del cuerpo quedará destruido por la resistencia del punto, del eje o del plano fijo.

11. **Determinacion del centro de gravedad.** La determinacion del centro de gravedad pertenece a la *Estática*. Se halla mecánicamente el centro de gravedad de un cuerpo colgándole de un hilo, primero, por un punto cualquiera del mismo cuerpo i marcando la prolongacion del hilo; en seguida colgando dicho cuerpo por otro punto cualquiera i marcando la direccion vertical del hilo al travez del cuerpo. En la interseccion de esta última con la del hilo anterior se halla el punto de gravedad.

12. Llámase *línea de direccion* la vertical que pasa por el centro de gravedad.

13. Cuando un cuerpo está en equilibrio, su centro de gravedad se halla siempre o mas alto o mas bajo que el punto de apoyo. En el primer caso el equilibrio se dice *instable;* en el segundo *estable.*

14. **Balanzas.** Llámase así ciertos aparatos destinados a pesar los cuerpos.

15. *Pesar un cuerpo* es comparar el peso de este cuerpo a otro peso arbitrario tomado por unidad.

16. **Balanza comun.** La *balanza comun* consiste en

una palanca de primer jénero, móvil al rededor de un eje horizontal. Los dos brazos de la palanca son iguales en peso i en lonjitud i a sus estremos están suspendidos dos platillos de igual peso, destinados a sostener los cuerpos que se quieren pesar i el peso que debe equilibrarlos. La palanca se llama *fiel;* i cuando está *vacío* se mantiene por sí mismo horizontal, porque el centro de gravedad se halla entónces en la vertical del punto de apoyo.

17. Para pesar un cuerpo se coloca en uno de los platillos i en el opuesto el peso necesario para conseguir el equilibrio. Entónces el peso del cuerpo es igual a la carga del platillo opuesto; porque estos dos pesos son dos fuerzas paralelas que se equilibran en las estremidades de dos brazos de palanca iguales.

18. **Método de las dobles pesadas.** Como es mui difícil conseguir una exactitud rigurosa en estos aparatos, en los casos delicados se emplea el *método de las dobles pesadas* debido a *Borda.* Este método consiste en lo siguiente: se coloca en uno de los platillos el cuerpo que se quiere pesar, en el platillo opuesto granos de municion hasta obtener el equilibrio. Entónces se quita el cuerpo colocado en el primer platillo, i se colocan en su lugar pesos conocidos hasta conseguir de nuevo el equilibrio. Obtenido este resultado es evidente que los pesos conocidos representarán exactamente el peso del cuerpo, puesto que obrando en las mismas circunstancias, equilibran las mismas fuerzas. La pesada será, pues, rigurosamente buena a pesar de la inexactitud posible de la balanza.

19. **Romana.** La balanza *romana* consiste en una palanca recta del primer jénero, de brazos desiguales, en la cual se pesan los cuerpos por medio de un peso único, móvil a lo largo del brazo del *fiel,* de manera que pueda colocarse a diferentes distancias del punto de suspension.

§ IV.—*Del movimiento de rotacion i de la fuerza centrífuga.*

1. Llámase *movimiento de rotacion* al que se efectúa al rededor de un eje que pase por el centro de gravedad, mediante un impulso impreso a un cuerpo libre que no pasa por este centro.

2. *Ejemplos.*—Una bola de billar chocada segun una direccion que no pase por el centro de gravedad, jira sobre sí

misma al paso que recorre el tapiz.—La tierra describe una elipse al rededor del sol i jira al rededor de su propio eje.

3. Llámase *fuerza centrífuga* la que tiende a alejar el móvil del centro de su movimiento, obrando segun la prolongacion del radio del círculo.—Tal es la que resulta del movimiento de rotacion de la tierra.

4. La *fuerza centrífuga* nace, pues, i se desarrolla del movimiento circular,—En efecto, supongamos un punto material sin gravedad, unido a la estremidad de un hilo inextensible que jira al rededor de un punto fijo C (fig. 22), formando el círculo cuyo centro es C i CM el radio. Este punto debe esperimentar necesariamente a cada instante i en la direccion del hilo un impulso que le obligue a abandonar la

Fig. 22.

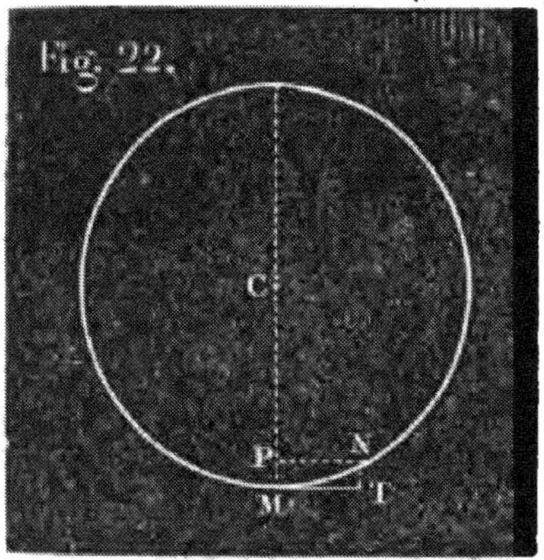

tanjente al círculo en que se mueve en virtud de su inercia. La suma de estas impulsiones será una fuerza aceleratriz constante; i puede considerarse como una fuerza que destruye las impulsiones de otra fuerza que solicita al cuerpo a alejarse del centro. Tal es la *fuerza centrífuga.*

La intensidad de esta fuerza puede deducirse por la fuerza central que es igual a aquella en valor absoluto. En efecto si el cuerpo al llegar a M con su velocidad sobre la curva, cesase de estar unido al punto fijo, describiria sobre la tanjente al círculo, durante un tiempo mui corto T, un espacio MT. Por otro lado, si el cuerpo al llegar a M, sin velocidad adquirida, esperimentase la accion de la fuerza central, recorreria un movimiento variado sobre el radio CM, en el mismo tiempo T, un espacio MP. Luego resulta de la lei de la proporcionabilidad de las fuerzas a las velocidades, que dada la existencia simultánea de la velocidad adquirida i de la fuerza central, el cuerpo debe describir en su movimiento compuesto, i siempre en el tiempo T, un elemento circular MN, tal que MP sea su proyeccion sobre el radio CM, suponiendo como lo hacemos aquí, que el arco MN sea bastante pequeño para que puedan considerarse las direcciones de los impulsos centrales como paralelos a CM cuando obran sobre el cuerpo yendo de M a N en el tiempo T.

5. **Intensidad de la fuerza centrífuga.** Segun lo dicho, suponiendo la masa móvil igual a la unidad, *r* al radio del círculo, i V a la velocidad de rotacion, tendremos $f=\frac{V^2}{r}$.—I designando por T el tiempo de una revolucion completa, tendremos $V=\frac{2\pi r}{T}$ i $f=\frac{4\pi^2 r}{T^2}$

6. **Leyes.** 1.ª La primera fórmula prueba que en el mismo círculo la fuerza centrífuga crece como el cuadrado de la velocidad del móvil.

2.ª La segunda fórmula prueba que si varios círculos de radios diferentes se describen en tiempos iguales, la fuerza centrífuga será proporcional al radio del círculo descrito.—Lo cual sucede en los cuerpos terrestres cuya fuerza centrífuga decrece desde el ecuador en que está en su máximun hasta los polos en donde es nula.

3.ª Si un cuerpo de una masa cualquiera *m*, jira en un círculo de un radio *r* con una velocidad *v*, la fuerza centrífuga de que estará animado, o la presion que ejercerá sobre la circunferencia del círculo de rotacion será *m* veces mayor que la unidad de la masa, lo que dará $f=\frac{mv^2}{r}$.

Efectos.—Los efectos i las leyes de la *fuerza centrífuga* pueden comprobarse por la esperiencia.

El aparato destinado al efecto consiste en una barra horizontal AB móvil sobre un quicio vertical CD (fig. 23). Los dos estremos AA' BB' sostienen la barrilla metálica A'B' destinada á recibir unas esferitas de marfil.—He aquí los diferentes esperimentos que pueden hacerse con este instrumento.

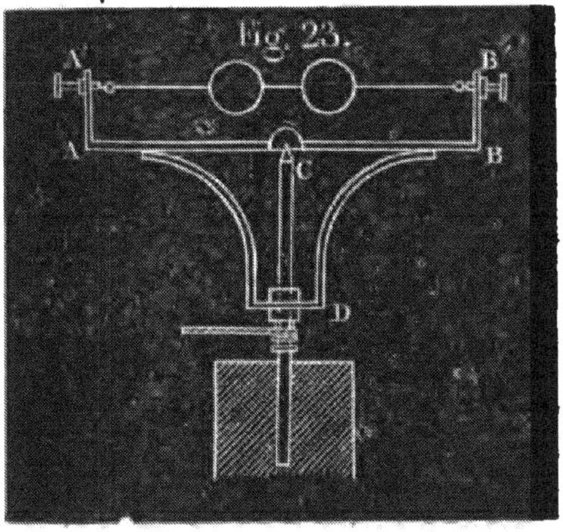

Fig. 23.

1.ª Una bola de marfil colocada en el centro del eje de rotacion permanece inmóvil.—En efecto sus diferentes puntos estando solicitados por fuerzas centrífugas iguales i contrarias, no pueden permitir el movimiento en ningun sentido.

2.ª Si dos bolas iguales unidas por un hilo de seda están colocadas a diferentes distancias del eje de rotacion, la mas distante del centro arrastra a la otra (2.ª ley).

3.ª Dos bolas iguales, colocadas a igual distancia del centro de rotacion, adquieren fuerzas centrífugas iguales, rompen el hilo que las une i ambas van a chocar con los dos estremos verticales AA' BB'.

4.ª De dos bolas desiguales unidas por un hilo de seda i colocadas a igual distancia del centro de rotacion, la mayor adquiere mayor cantidad de movimiento i arrastra la menor (3.ª *lei*).

5.ª Colocando los centros de dos bolas desiguales unidas por un hilo a distancias del eje de rotacion inversamente proporcionales a sus masas, las fuerzas centrífugas desarrolladas son diferentes; pero las cantidades de movimiento son iguales i en sentido contrario, por lo cual las bolas rompen el hilo i van a chocar contra los estremos verticales.

7. Suponiendo que una masa líquida de forma esférica esté animada de un movimiento de rotacion al rededor de un eje que pasa por su centro, sus diferentes puntos estarán solicitados por fuerzas centrífugas de intensidad diferente, i será

necesario para conseguir el equilibrio, que la esferá líquida se hinche en las partes ecuatoriales i se achate en los polos en una cantidad tanto mayor, cuanto mas rápida sea la velocidad de la rotacion.

8. Un aparato mui sencillo hace sensible esta verdad. Consiste (fig. 24), en dos círculos de acero cruzados en ángulos rectos i reunidos por dos anillos. El inferior está fijo a un eje de rotacion i el superior está libre. Haciendo jirar el aparato al rededor de un eje, los círculos de acero se hinchan en el ecuador i se achatan en los polos en una cantidad tanto mayor, cuanto mas rápida sea la velocidad de rotacion.

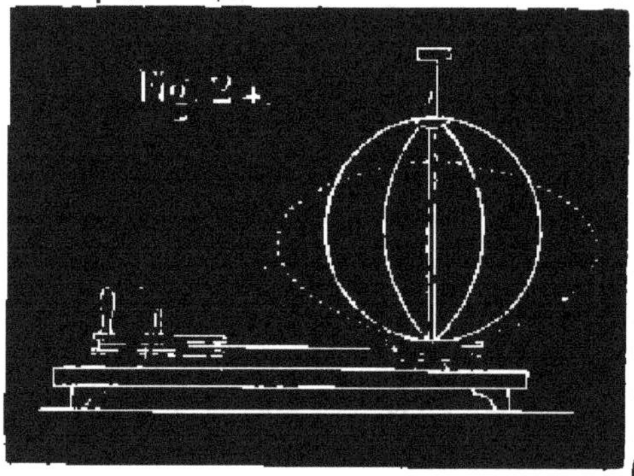

9. La tierra i todos los cuerpos planetarios son unos esferoides achatados en los polos de rotacion, cuyo hecho indica de una manera positiva que todos los globos estuvieron orijinariamente en estado fluido, i que no se solidificaron por el enfriamiento, sino despues de haber recibido el movimiento de rotacion de que están dotados.

§ V. *Del péndulo i sus aplicaciones.*

1. Se conciben dos especies de péndulos: el *péndulo simple o jeométrico*, i el *compuesto o físico*.

El *péndulo simple* es ideal, i su existencia consistirá en un punto material pesado, suspendido de un hilo inextensible, sin gravedad, i móvil al rededor de un punto fijo. El *péndulo compuesto* es un cuerpo de cualquier forma i dimension, susceptible de moverse al rededor de un eje horizontal.

2. **Oscilaciones del péndulo simple.** Si la direccion del hilo de que se supone suspendido el péndulo simple fuese vertical, el péndulo permaneceria en reposo; porque la accion de la gravedad estaria destruida por la resistencia del punto de suspension. Pero si apartamos el péndulo de su po

sicion vertical, bajaria para tomar su posicion primitiva, ejecutando a su alrededor ***idas i vueltas*** que se llaman *oscilaciones*, i que en el vacío recorren espacios iguales en tiempos iguales.

3. **Demostracion del isocronismo de las oscilaciones.** Efectivamente, la gravedad que solicita al punto material, es una fuerza vertical que puede descomponerse en dos: la una dirijída segun la prolongacion del hilo, está destruida por la resistencia del punto fijo: la otra perpendicular al hilo que arrastra el móvil. Llegado este a su direccion vertical, la gravedad que le solicita está completamente destruida; pero el péndulo, en virtud de su velocidad adquirida, pasa esta posicion de equilibrio i sube al lado opuesto. Desde este instante la gravedad obra de otra vez sobre él i disminuye gradualmente su velocidad hasta que al llegar a la misma altura del lado opuesto la aniquila totalmente, i el péndulo baja de nuevo ejecutando una segunda oscilacion enteramente semejante a la primera. Luego snponiendo que el péndulo se mueve en el vacío, i exento de toda especie de roce, las oscilaciones tendrán instantáneamente la misma duracion, recorrerán el mismo espacio i se perpetuarán indefinidamente.

4. **Leyes del movimiento del péndulo.** 1.ª Las oscilaciones del péndulo son isócronas; esto es, se ejecutan en tiempos iguales, siempre que la amplitud de la oscilacion no pase de 4 a 5 grados.

2.ª La duracion de una oscilacion está en razon directa de la raiz cuadrada de la lonjitud del péndulo. Así un péndulo cuatro veces mas largo que otro, tardará doble tiempo en ejecutar una oscilacion.

3.ª La duracion de una oscilacion está en razon inversa de la raiz cuadrada de la gravedad, es decir, que si la gravedad tuviese 4, 9, 16.... veces mas intensidad, el péndulo oscilaria 2, 3, 4.... veces mas aprisa.

5. **Fórmula.** Estas tres leyes están sencillamente encerradas en la fórmula $t = \pi \sqrt{\frac{l}{g}}$; en la cual t representa el tiempo de una oscilacion, π la relacion de la circunferencia

al diámetro, l la lonjitud del péndulo i g la intensidad de la gravedad.

6. **Péndulo compuesto i sus leyes.** Los *péndulos compuestos*, usados en las ciencias i las artes, están jeneralmente formados por una vara metálica cilíndrica o prismática a la cual está suspendida una lenteja de platino o cobre, que descansa por medio de un cuchillo de acero sobre dos planos pulimentados de acero o agata.

Centro de oscilacion. Cuando este péndulo se pone en movimiento, es necesario que todas sus moléculas, a cualquier distancia que estén del punto de suspension, ejecuten sus oscilaciones en el mismo tiempo. Por consiguiente, si las moléculas mas próximas estuviesen libres, oscilarian mucho mas aprisa que las moléculas mas distantes; pero en virtud de la causa del sistema es forzoso que las primeras se retarden i las últimas se aceleren, i entre estos dos puntos estremos habrá otro necesariamente, cuyo movimiento no sea acelerado ni retardado. A este punto se llama *centro de oscilacion.*

8. **Péndulos menores.** De lo dicho se deduce que un *péndulo compuesto* ejecuta su oscilacion en el mismo tiempo que un *péndulo simple,* cuya longitud fuese la distancia del centro de suspension al de oscilacion.

9. **Advertencia.** El cálculo demuestra que, a pesar de la disminucion que esperimenta continuamente el espacio recorrido en cada oscilacion en el péndulo compuesto, su duracion cuando son mui pequeñas, permanece constante. Lo que consiste en que la resistencia del aire i el roce prolongan la *semi-oscilacion* descendente en una cantidad igual de la que estas mismas causas disminuyen la *semi-oscilacion ascendente.*

10. **Consecuencia.** De donde se deduce que la duracion de la oscilacion total permanece definitiva la misma, i todas las leyes contenidas en la fórmula $t = \pi \sqrt{\frac{l}{g}}$ son aplicables al péndulo compuesto, con tal que se entienda por l, lonjitud del péndulo, la lonjitud del péndulo simple *sincrono* con él.

11. Aplicaciones. 1.ª Medida de la intensidad de la gravedad. De la fórmula de las leyes del péndulo se deduce la siguiente: $g = \frac{\pi^2 l}{t}$ lo que nos dice *que la intensidad absoluta de la gravedad es igual al cuadrado de la relacion aproximada de la circunferencia al diámetro, multiplicada por la lonjitud del péndulo, dividida por el cuadrado del tiempo de una oscilacion.* Por consiguiente, para obtener la intensidad de la gravedad en cualquier punto del globo, será suficiente hacer oscilar un péndulo, medir su lonjitud para obtener *l*, observar la duracion de una oscilacion para hallar *t*, i hacer en seguida los cálculos indicados.

2.ª Variacion de la gravedad con las latitudes. La intensidad de la gravedad en la superficie de la tierra varia con la latitud, aumentando del ecuador a los polos. Para comprobar este hecho es suficiente trasportar sucesivamente un mismo péndulo a diferentes puntos del globo, i medir el tiempo de una oscilacion, o el número de oscilaciones efectuadas en un tiempo dado. Un gran número de observaciones hechas con un *mismo péndulo* comprueban que sus oscilaciones son mas lentas en el ecuador que en las rejiones polares, i como la intensidad de la gravedad aumenta cuando la duracion de la oscilacion disminuye, es evidente la variacion espresada.

3.ª Figura de la tierra. Las causas de la variacion indicada son dos; 1.ª el achatamiento de la tierra en los polos; 2.ª la fuerza centrífuga. Ambas causas comprueban que la figura de la tierra es un esferoide comprimido por los polos.

4.ª Los esperimentos del péndulo prueban tambien; 1.° que la gravedad es invariable en un mismo punto del globo; 2.° que todos los cuerpos adquieren por la gravedad la misma velocidad en su caida; 3.° que el espacio recorrido por un cuerpo en el primer segundo de su descenso libre es próximamente 4^m,904.

Estas mismas esperiencias ponen tambien en evidencia el principio jeneral de *Newton*, esto es, *que todos los cuerpos se atraen en razon directa de las distancias.* Se notó que en la proximidad de las altas montañas el péndulo está un poco desviado de la direccion de la vertical; cuya observacion se hizo en 1774 por Maskeline, que demostró por este medio que la masa del globo terrestre es próximamente cuatro veces i media mayor que la de un globo de agua de la misma dimension.

Cavendish comprobó por el mismo medio las atracciones de dos esferas metálicas entre sí.

El péndulo tiene aun otras muchas aplicaciones. El *insocronismo* de sus oscilaciones hace de él el instrumento mas exacto i precioso para la medida del tiempo.

§ VI. *Hidrostática,*

1. La *hidrostática* tiene por objeto estudiar las leyes del equilibrio de los líquidos i las presiones que ejercen.

2. Las propiedades de los líquidos dependen de dos fuerzas: la *gravedad*, que obra sobre ellas como los demas cuerpos; i la *atraccion molecular*, que les constituye en estado líquido.

3. Todas las leyes de *hidrostática* están fundadas en un principio único, cuya verdad se deduce de la gran movilidad de que están dotadas las partículas de los líquidos.—Este principio es la

Igualdad de presion.—La *igualdad de presion* es un axioma físico.—Este axioma se enuncia así:

Los líquidos trasmiten igualmente en todos sentidos las presiones que se ejercen en un punto cualquiera de su masa o de su superficie.

4. **Demostracion.** Para comprender el principio de la igualdad de presion, figurémonos un vaso que contiene un líquido que supondremos sin gravedad. En este caso es evidente que aunque se horadase el vaso, el líquido no se derramaria.—Si suponemos ahora un émbolo que ajuste exactamente a la superficie del vaso, i colocamos sobre él un peso de 100 libras, esta presion se trasmitirá a la primera capa líquida, que sostenida por la segunda sufrirá la misma presion, que se trasmitirá de capa en capa íntegramente a la base; pero esta presion se trasmitiria tambien a las paredes laterales; puesto que si se horadasen, el líquido saldria con tanta mas violencia cuanto mayor fuese la presion ejercida. Finalmente, horadando el émbolo, el líquido saltaria tambien de abajo arriba

con tanto mayor ímpetu cuanto mayor fuese la presion empleada, lo que prueba que la pared del émbolo estaba del mismo modo comprimida.—Luego es evidente el principio de igualdad de presion.

Si consideramos ahora un líquido pesado, trasmitirá las presiones de la misma manera; pero ademas de estas presiones estrañas ejercerá una presion correspondiente al peso i variable de un punto a otro.—Estos dos jéneros de presiones, el uno igual para todos los puntos i en todos sentidos, i el otro variable con la profundidad del líquido, se añaden a cada punto para formar la presion total.

5. **Condiciones del equilibrio de los líquidos.** Para que un líquido esté en equilibrio, son necesarias dos condiciones: la 1.ª relativa a las moléculas superficiales; la 2.ª a las moléculas interiores.

6. 1.ª **Condicion.**—*La superficie de un líquido pesado en equilibrio debe ser en cada punto perpendicular a la direccion de la gravedad; i mas jeneralmente perpendicular a la resultante de las fuerzas que sobre él actúan.*

Demostracion.—En efecto, si la superficie no fuese perpendicular, la gravedad que solicita una molécula cualquiera *m*, podria descomponerse en dos fuerzas: la una perpendicular a la superficie del líquido seria destruida por su resistencia; la otra tanjente a la superficie, no estando destruida por nada, haria rodar la molécula líquida a que estuviese aplicada, i el equilibrio seria imposible.

7. **Consecuencias.**—Un líquido pesado, contenido en un vaso, está siempre terminado por una superficie plana i horizontal; porque la gravedad obra sobre las moléculas segun direcciones verticales i horizontales.—La masa de las aguas que cubren la mayor parte del globo está terminada por una superficie curva, a la cual la vertical, es decir, la direccion de la gravedad efectiva, es en todas partes perpendicular.—La fuerza atractiva de las montañas influye tambien en la forma de los mares.—Por igual razon el Océano, buscando un equilibrio que no puede hallar a causa de la fuerza atractiva de la luna en su movimiento de rotacion, se eleva i deprime alternativamente, dando oríjen a las oscilaciones periódicas del flujo i reflujo.

8. 2.ª **Condicion.**—*Una molécula tomada a voluntad*

en el interior de una masa líquida en equilibrio, debe nec sariamente esperimentar en todos sentidos presiones iguales i contrarias que se destruyan.

Demostracion.—En efecto, considerando únicamente la presion que esta molécula sufre de arriba abajo en una direccion vertical, se hallará que tiene evidentemente por medida el peso líquido vertical que actúa sobre esta molécula. Lo mismo sucederá en las demas moléculas situadas en una misma presion horizontal paralela a la superficie del líquido. Esta capa se llama superficie o capa de nivel, i el equilibrio exije que las moléculas que contiene sufran iguales presiones.

9. **Presiones.—Presiones de arriba abajo.** La *presion* que un líquido pesado en equilibrio ejerce sobre el fondo horizontal de la vasija que le contiene, es independiente de la forma de la vasija; i solo depende de la estension de la pared que sufre la presion, i de la altura del líquido sobre esta pared.—*Esta presion tiene por valor el peso de una columna vertical de líquido, que tiene por base el fondo de la vasija, i por altura la distancia de este fondo al nivel.*—Su espresion es $p=bad$.

Demostracion. El raciocinio i la esperiencia demuestran este principio.—*Haldat* imajinó un aparato al efecto (fig. 25).

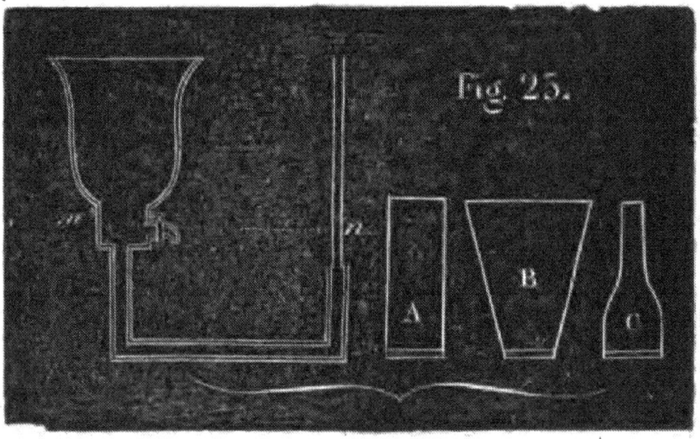

Consiste en un tubo metálico encorvado en ángulo recto por ámbos estremos, a uno de los cuales se adapta otro tubo de cristal, i al otro un reservatorio cilíndrico de un diámetro mucho mayor destinado a recibir tres vasijas de cristal de igual base i altura, pero de distinta forma: la una cilíndrica A, la otra ancha en la parte superior B, i la tercera estrecha hácia este mismo punto C.—Ahora bien, echando mercurio en el tubo metálico se coloca en ambos brazos en un plano horizontal; i adaptando sucesivamente al aparato las tres vasijas llenas de agua, la presion que cada una de ellas ejerce, hace subir constantemente el mercurio una cantidad igual. Luego es evidente el principio sentado.

10. **Presion de abajo arriba.** Si suponemos un vaso de doble fondo, resultará del principio de la igualdad de presion, que el fondo superior sufre de *abajo arriba* una presion igual al peso de una columna líquida, cuya base es la superficie de la pared, i su altura el nivel del líquido sobre ella.

11. **Presiones interiores.** Si en el interior de una masa líquida concebimos una capa líquida horizontal, esta esperimentará de arriba abajo una presion igual al cilindro líquido que está sobre la capa líquida que hemos considerado; pero como esta capa está en equilibrio, es necesario esperimente de abajo arriba una presion vertical igual i contraria.

12. **Presiones laterales.** De la igualdad de presion se deduce tambien que la presion total que sufre una pared lateral, tiene por medida el peso de una columna de líquido que tiene por base la pared que sufre la presion i por altura la distancia de su centro de gravedad al nivel.

Paradoja hidrostática. Aunque el líquido contenido en las tres vasijas del aparato de *Haldat* (fig. 25) ejerce la misma presion, no por esto tiene un mismo peso, porque las presiones laterales estimadas segun la vertical se añaden a las que sufre el fondo por este último caso. Por eso el primer principio recibió el nombre de *paradoja hidrostática*.

14. **Líquidos superpuestos.** Cuando varios líquidos de naturaleza o densidad diferentes están contenidos en un mismo vaso, estos líquidos se colocan los unos sobre los otros en capas horizontales, condicion necesaria al equilibrio, porque si no fuese así, la presion no seria igual en todos los puntos de una misma capa de nivel.

15. **Tubos comunicantes.** Cuando dos tubos comunican entre sí, pueden contener o un líquido homojéneo o líquidos de diferentes densidades (fig. 26).

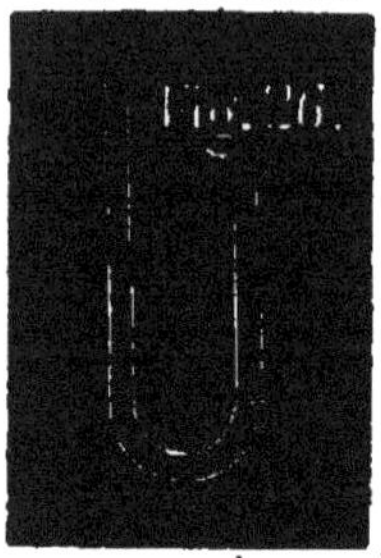
Fig. 26.

Primer caso. **Líquidos homojéneos:** *Para que un líquido homojéneo esté en equilibrio en dos vasos comunicantes, es necesario que el nivel del líquido en ambos tubos este sobre un mismo plano horizontal.*

Demostracion. En efecto, consideremos en el canal de comunicacion una porcion vertical *m.* Puesto que el equilibrio subsiste, esta porcion debe sufrir por ambos lados presiones iguales. Ahora bien, la presion lateral tiene por medida la base multiplicada por la altura: la de derecha tiene igual medida: luego los niveles deben estar en un mismo plano horizontal.

16. Segundo caso. **Líquidos heterojéneos.** *Cuando dos líquidos heterojéneos están contenidos en dos tubos comunicantes, las alturas de las columnas líquidas que están equilibradas, están en razon inversa de sus densidades.*

Demostracion. Supongamos dos líquidos, agua i mercurio. Segun lo ya demostrado, tendriamos bad=b'a'd', en cuya ecuacion el primer miembro representa la columna de agua, que se equilibra con la columna de mercurio, representada por el segundo miembro; i suprimiendo *b*, tendremos ad=a'd', de donde a : a' :: d' : d, lo que queremos demostrar.

17. **Aplicaciones.** Los principios sentados tienen un gran número de aplicaciones. La *prensa hidráulica* (fig. 27), es una de ellas. Consiste en dos tubos comunicantes de diferentes diámetros, en los cuales el agua está en un mismo plano horizontal o en equilibrio. Sobre cada tubo ajustan exactamente dos pistones resistentes. Si sobre el pequeño se ejerce una presion de 10 quintales, por ejemplo, esta presion se trasmitirá a toda la masa líquida, de manera que cada porcion de la superficie del pis-

Fig. 27.

ton grande igual a la del pequeño sufrirá una presion de abajo arriba igual a 10 quintales. Por consiguiente, si la superficie del piston grande es 100 veces mayor que la del pequeño, la presion total sufrida por el primero será de 10×100 o de 1000 quintales.

El piston mayor tiene encima unas placas metálicas mui resistentes, entre las cuales se colocan los cuerpos que se quieren comprimir. Esta prensa se emplea en la compresion de los paños, en la fabricacion de la pólvora, del papel, de los ladrillos, i en un gran número de artefactos.

El *nivel de aire*, la conduccion de las aguas por medio de cambisas, que no son mas que una serie de tubos comunicantes, la construccion de los *pozos artesianos* i la teoría de los saltadores, están fundadas en los principios esplicados. Mariotte calculó en los jardines de Versalles la altura de los depósitos por medio de los saltadores, hallando la lei siguiente; *dividiendo por 5 la altura de los saltadores espresada en pies, resulta un cociente igual al número de pulgadas en que la altura del depósito excede a la del saltador.*

§ VII. *Cuerpos flotantes—Principio de Arquímedes—Densidades—Areometría.*

1. Toda la teoría de los cuerpos flotantes en los líquidos descansa sobre un solo principio debido a Arquímedes, i que se enuncia así.

2. **Principio de Arquímedes.** *Todo cuerpo sumerjido en un fluido pierde una parte de su peso igual al peso del volúmen fluido que desaloja.*

3. **Demostracion.** Este principio se demuestra por el raciocinio i la esperiencia.

1.° **Raciocinio.** Consideremos una masa líquida en equilibrio ABC (fig. 28); aislemos con el pensamiento una porcion cualquiera *m* de esta masa, el equilibrio no se turbará, aunque supongamos que esta porcion de líquido se solidifique de repente. Ahora bien, esta porcion sufrirá de parte del líquido que la rodea presiones normales, que pueden

Fig. 28.

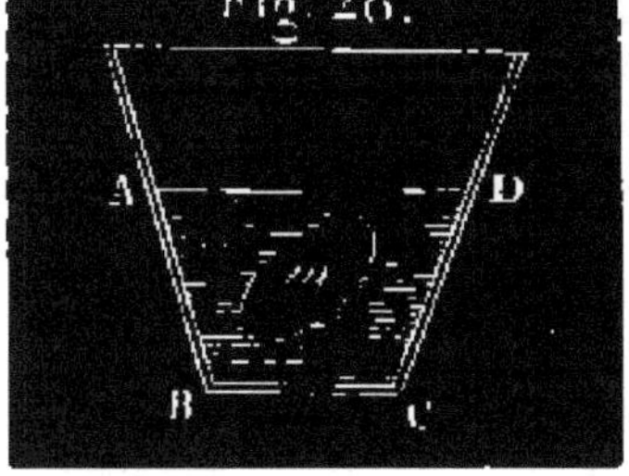

descomponerse todas en presiones horizontales i verticales. Las primeras se destruyen evidentemente por sí mismas, puesto que la masa m no tiende a moverse lateralmente en ningun sentido. Respecto a las verticales, su resultante es evidentemente igual al peso de la masa líquida *m*, puesto que se opone a su caida i obra de abajo arriba. Esta presion se llama la *impulsion del fluido*. Sustituyamos ahora a la masa m un cuerpo cualquiera que tenga exactamente la misma forma: este cuerpo sufrirá necesariamente de parte del líquido que le rodea la misma impulsion, i por consiguiente su peso se habrá disminuido en una cantidad igual al peso de la masa líquida cuyo lugar ocupa.

2.° **Esperiencias.** Por debajo de uno de los platillos de una balanza se suspende por medio de un ganchito un cilindro hueco de cobre, debajo del cual se engancha otro cilindro sólido que ajuste exactamente al primero. Luego que se consigue el equilibrio, se sumerje el cilindro sólido en un vaso lleno de agua; al momento se altera el equilibrio i la esperiencia prueba que para establecerle es suficiente llenar de agua el cilindro hueco. De donde se deduce que la pérdida de peso que el cilindro sólido ha sufrido por su inmersion en el agua, es igual al peso de un volúmen de líquido igual al suyo.

4. **Consecuencias.** Cuando un cuerpo está sumerjido en un líquido, pueden suceder tres casos:

1.° *Que el cuerpo sumerjido sea mas denso que el líquido.* En este caso el peso del cuerpo es mayor que la impulsion del fluido, i el cuerpo desciende al fondo de la vasija con una fuerza igual a su diferencia.

2.° *Que el cuerpo sumerjido tenga el mismo peso que el fluido desalojado.* Entónces el peso del cuerpo sumerjido siendo igual a la impulsion del fluido, el cuerpo permanece en equilibrio.

3.° *Que el cuerpo sumerjido pese menos que el líquido desalojado.* En este caso la impulsion del fluido siendo mayor que su peso, el cuerpo sube a la superficie del líquido.

5. **Cuerpos flotantes.** En la circunstancia precedente sucede siempre que el cuerpo sale en parte del líquido, i se dice que el cuerpo *flota* en su superficie. En este caso, i luego que el cuerpo cobra su posicion de equilibrio, es evidente

que el peso del cuerpo *flotante* es igual al peso del líquido desalojado por la *parte sumerjida* del cuerpo.

6. **Determinacion de las densidades relativas de los cuerpos. Principios jenerales.** Hemos llamado *densidad absoluta* de un cuerpo la cantidad de materia que encierra bajo la unidad de volúmen.

1.er **principio.** *Si dos cuerpos tienen la misma densidad, sus pesos son proporcionales a los volúmenes.*

2.º **principio.** *Cuando dos cuerpos heterojéneos tienen el mismo peso, sus volúmenes están en razon inversa de sus densidades.*

3.er **principio.** *Bajo volúmenes iguales, las densidades de los cuerpos son proporcionales a sus pesos.*

7. **Densidades relativas o pesos específicos.** Para medir las densidades de los cuerpos, es necesario compararles a la densidad de un cuerpo particular que se elije por unidad. El cuerpo a cuya densidad se comparan las de los sólidos i líquidos es el agua destilada.

8. Puesto que, bajo el mismo volúmen, las densidades de los cuerpos son proporcionales a sus pesos, para obtener la densidad o peso específico de un cuerpo con relacion al agua será suficiente *pasar el cuerpo i el agua destilada, bajo un mismo volúmen, i dividir el peso del cuerpo por el del agua.*

9. **Métodos esperimentales para determinar el peso específico. Densidad de los sólidos.** 1.er **método. Balanza hidrostática.** Esta balanza tiene un ganchito debajo de cada platillo. Se halla el peso **P** del cuerpo sólido, cuya densidad relativa se busca, suspendiéndole por un hilo mui fino a uno de los platillos de la balanza. Se halla en seguida el peso P' del mismo cuerpo enteramente sumerjido en el agua destilada. La diferencia de los pesos **P**, p' espresa el peso del volúmen de agua desalojada, es decir, de un volúmen de agua igual al del cuerpo. Luego la densidad buscada será $D=\frac{P}{P-P'}$.

10. 2.º **método. Método del frasco.** Se pesa un frasco lleno de agua destilado i cerrada herméticamente. Sea **P** su peso. Se pesa en seguida el cuerpo cuya densidad se desea determinar, sea *p* este nuevo peso. Se introduce cuida-

dosamente el cuerpo en el frasco i se pesa de nuevo. El peso P' que se obtiene, difiere de $P+p$ una cantidad igual al peso del agua que la inmersion del cuerpo hizo salir, esto es, en un volúmen de agua igual al suyo. Luego la densidad buscada estará espresada por la relacion $D=\frac{P}{P+p-P'}$

12. **Densidad de los líquidos. Primer método. Balanza hidrostática.** Supongamos que se trata de averiguar la densidad del alcohol: se suspenderá con un hilo mui fino por debajo de uno de los platillos de la balanza, un cuerpo sólido, cuyo peso hallarémos sucesivamente en el aire, en el alcohol i en el agua destilada: designemos estos pesos por P, P' i P''. Segun el principio de Arquímedes P—P' i P—P'', que son las pérdidas de peso sufridas por el cuerpo en el alcohol i en el agua, representan el peso de ambos líquidos bajo un mismo volúmen. Luego la densidad del alcohol estará espresada por $\frac{P-P'}{P-P''}$

12. 2.° **Método del frasco.** Este método es independiente del principio de Arquímedes. En efecto, tómese un frasco, i 1.° pésese vacío: sea P su peso; 2.° lleno de agua destilada: sea P'; i 3.° lleno de alcohol o del líquido cuya densidad busquemos: sea P''. Si de los últimos pesos quitamos el primero, las diferencias P'—P i P''—P representarán el peso del agua i del líquido que llenaban un mismo frasco i que por consiguiente tienen un mismo volúmen. Luego dividiendo entre sí estos pesos tendremos la densidad buscada; esto es D. $\frac{P'-P.}{P''-P.}$

13. **Areometría.** Llámanse *areómetros* a unos aparatos flotantes destinados a dar a conocer las densidades relativas de los cuerpos, o las proporciones en que ciertas sustancias se hallan mezcladas.

14. Se distinguen dos especies de areómetros: 1.ª Areómetros de *volúmen constante;* 2.ª areómetros de *volúmen variable* i *peso constante.*

15. **Areómetros de volúmen constante.** Son dos:

el de *Nicholson*, que sirve para determinar la densidad de los sólidos i que es mui usado en mineralojia; i el de *Farenheit*, que sirve para los líquidos.

16. **Areómetros de Nicholson.** El areómetro de Nicholson se compone de un cilindro i de dos conos, cada uno de los cuales está unido por su base a una de las bases del cilindro (fig. 29). El cono superior tiene un vástago mui fino, al cual está unido un platillo destinado a contener los pesos; en la parte inferior está suspendido un recipiente o cápsula que sirve de *lastre*, i tiene una forma propia para contener los cuerpos sólidos cuyo peso específico se busca. En el vastaguito superior está señalado un punto que se llama *punto de enrasamiento*, porque en todas las esperiencias el aparato debe sumerjirse hasta él.

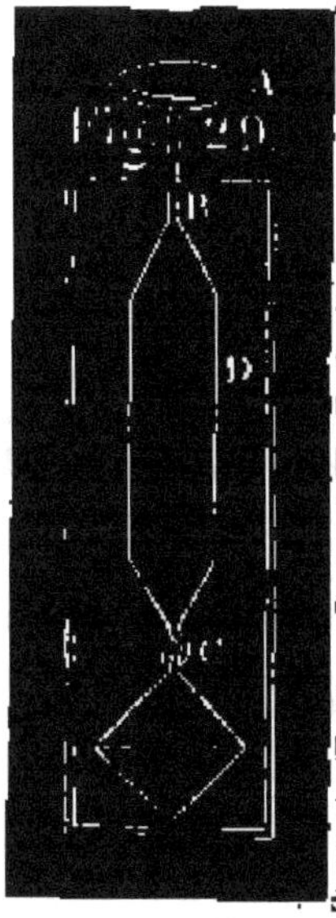

17. **Modo de usar el areómetro de Nicholson.** Se coloca en él agua destilada, se ponen en el platillo superior los pesos necesarios para enrasar el aparato: sea A este peso. Se saca del platillo en cuyo lugar se coloca el cuerpo cuya densidad se busca, añadiendo pesos conocidos hasta hacerle de nuevo enrasar: sean A' estos nuevos pesos; por manera que A—A' representa el peso del cuerpo. Entónces se traslada el cuerpo del platillo superior a la cápsula inferior i el areómetro vuelve a sumerjirse en el agua. El aparato no enrasa ya i para conseguirlo es necesario añadir al platillo superior un peso que designaremos por A''. Este peso representa evidentemente la pérdida de peso que esperimentó el cuerpo por su inmersion en el líquido, es decir, el peso de un volúmen de agua igual al suyo. La densidad buscada estará, pues, espresada por

$$D = \frac{A - A'}{A - A''}.$$

18. **Areómetro de Farenheit.** Este areómetro es un cilindro de cristal terminado por un vastaguito delgado, con un platillo en su parte superior (fig. 30). El vástago tiene señalado el *punto de enrasamiento;* i un *lastre* suspendido en la parte inferior sirve para dar al aparato una posicion vertical.

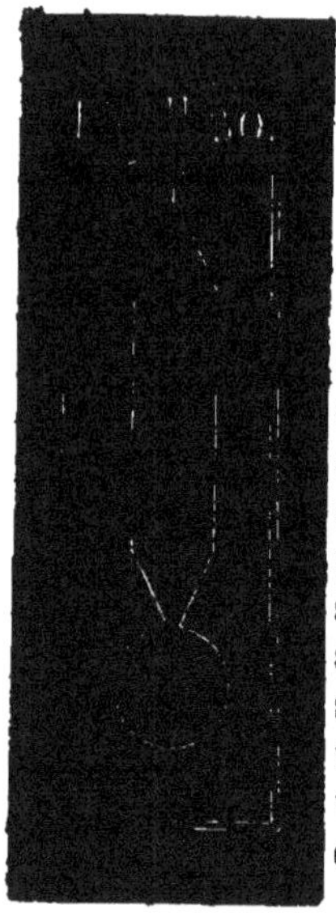

Modo de usar el areómetro de Farenheit. Debe conocerse de antemano su peso, que designarémos por P. Entónces se sumerje en el agua destilada, i se ve que es necesario poner en el platillo un nuevo peso P' para hacerle enrasar; de lo cual resulta que el peso del agua desalojada por el aparato es P + P'. Se sumerje en seguida el areómetro en el líquido cuya densidad deseamos conocer; i si designamos por P" el nuevo peso de enrasamiento, el peso de líquido desalojado será P+P".

Ahora bien, sumerjiéndose el areómetro hasta un mismo punto, los líquidos desalojados tienen un mismo volúmen. Luego la densidad buscada se obtendrá dividiendo entre sí los dos pesos hallados $D = \frac{P+P'}{P+P''}$

Areómetros de peso constante. Estos areómetros

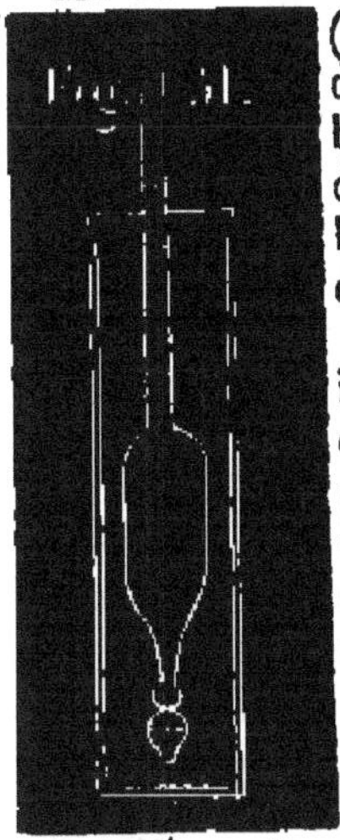

Fig. 31.

(fig. 31) están todos formados por un tubo de cristal colocada a la estremidad de un tubo i lastrados con una bola mas pequeña que contiene mercurio o granos de plomo. El tubo tiene una graduacion, cuyas divisiones corresponden a partes de igual capacidad.

21. **Consecuencia.** Si se introduce un instrumento de esta clase en un líquido cualquiera, se sumerjirá tanto mas cuanto ménos pese el líquido bajo un mismo volúmen, o lo que es lo mismo, cuanto menor sea su peso específico; porque siendo invariable el peso del areómetro, el volúmen del líquido desalojado estará en razon inversa de su densidad.

22. **Areómetro de Beaume.** El areómetro de *Beaume*, que es el mas usado en el comercio, esta graduado del modo siguiente: 1.° Cuando se destina a *pesa-ácidos* o *pesa-sales*, se da al areómetro un peso tal, que introducido en el agua pura, se sumerja hasta la cumbre del tubo, en cuyo punto se señala cero. Introdúcesele en seguida en una disolucion que contenga 85 partes de agua i 15 de sal marina i se señala 15 en el punto de enrasamiento. Se subdivide el intervalo en 15 partes iguales, llamadas *grados*, i prolónganse las divisiones hasta la bola. 2.° Si se destina a *pesa-licores*, se le da un peso tal, que introducido en una mezcla de 90 partes de agua con 10 de sal marina, se sumerja hasta el nacimiento del tubo, en cuyo punto se señala cero. Se señalan en seguida 10° en el punto de enrasamiento en el agua destilada, i dividiendo el intervalo en 10 partes iguales, se prolongan las divisiones hasta la terminacion del tubo.

23. **Volúmetros.** M. *Gay-Lussac* llama así a unos areómetros graduados de manera que sirvan para indicar no solo el órden sino las relaciones exactas de las densidades de los líquidos.

24. **Volúmetro para líquidos mas pesados que el agua.** El peso del aparato debe ser tal, que introducido en el agua pura, se sumerja todo el vástago. Se seña-

la 100 en este punto. Se compone en seguida una disolucion salina, cuya densidad sea $\frac{4}{3}$. Puesto que el peso del aparato permanece el mismo, los volúmenes de los líquidos desalojados están en razon inversa de las densidades, esto es, cuando el primero 1, el segundo será $\frac{3}{4}$ o bien siendo el primero 100, el segundo será 75. Se divide el intervalo comprendido entre 100 i 75 en 25 partes iguales, que se prolongarán hasta la parte inferior del vástago. Si sumerjido en un líquido el areómetro toca a la division 80 es claro que la densidad del líquido es a la del agua :: 100 : 80, i que es por consiguiente igual a $\frac{100}{80}$ o a 1,25.

25. **Volúmetro para líquidos mas lijeros que el agua.** El peso del instrumento debe ser tal, que introducido en el agua destilada, se sumerja solo hasta el nacimiento del tubito. Se añade luego a la parte superior del aparato un peso igual a su cuarta parte; por manera que siendo el peso primitivo 4, el nuevo peso sea 5. Igual relacion existirá entre los volúmenes de agua desalojada en ambos casos, de donde se deduce que si se ha señalado 100 en el primer punto de enrasamiento, se señalará 125 en el segundo. Este intervalo se dividirá en 25 partes iguales, cuya division se prolongará hasta lo alto del tubo.

26. **Alcohómetro centesimal.** Se gradúa sumerjiéndole sucesivamente en mezclas artificiales de agua i de alcohol puro en diversas proporciones, i se señala 100, 95, 85, 80.... en los puntos de enrasamiento en las mezclas que en 100 partes en volúmen contienen 100, 85, 95, 80.... de alcohol puro. Este instrumento se debe a Gay-Lussac.

27. **Aplicaciones.** La física, la química, la mineralojia, las artes i el comercio tienen necesidad de consultar mui frecuentemente las tablas de pesos específicos. Hai cuestiones mui útiles, cuya solucion depende del conocimiento de las densidades. Conocido el volúmen i la densidad de un cuerpo que no puede ponerse en una balanza, hallar su peso. La fórmula $P=VD$, nos lo dice.

Conociendo el peso i la densidad de un cuerpo, hallar su volúmen. La fórmula $V=\frac{P}{D}$ nos lo demuestra.

§ VIII. *De los gases.*

1. **Gases. Su espansibilidad i compresibilidad.** Los gases o fluidos elásticos, ademas de la independencia absoluta i de la movilidad perfecta de sus moléculas, tienen por caractéres distintivos la *espansibilidad* o *elasticidad*, i por consiguiente una *compresibilidad* mui grande, propiedad corelativa de la primera.

2. **Demostracion.** Colocando en el recipiente de una máquina neumática (1) una vejiga cerrada i llena de aire, se hincha luego que se hace el vacío, i se comprime de nuevo así que se vuelve a permitir la entrada del aire.

3. **Peso de los gases.** Los gases son tambien pesados como los demas cuerpos.

4. **Demostracion.** Pesando sucesivamente un globo de cristal vacío i lleno de aire, o de otro cualquier gas, se ve que el peso aumenta en este último caso.

5. **Consecuencia.** Resulta de las propiedades demostradas que los gaces ejercen dos especies de presiones: 1.ª Las debidas a su peso; 2.ª Las debidas a su espansibilidad.

6. **Presiones de los gases en virtud de su peso atmosférico.** La *atmósfera* o *aire atmosferico* es la capa gaseosa que circuye i envuelve nuestro globo. Su altura es próximamente de 15 leguas métricas; el aire es una mezcla de varios gases que la química nos da a conocer.

7. **Presion atmosférica.** Considerando la atmósfera como un fluido pesado en equilibrio, su presion sobre un plano cualquiera, horizontal, vertical o inclinado de arriba abajo, i de abajo arriba, tendrá por medida *el peso de una columna de aire, cuya base sea la superficie en que se ejerce la presion, i por altura los límites de la atmósfera.*

8. De este principio de hidrostática se deduce: 1.° que las presiones de los gases se ejercen igualmente en todos sentidos; 2.° que la densidad del aire atmosférico decrece de una manera continua desde la superficie terrestre hasta el vacío.

9. **Barómetro** El instrumento destinado a medir la presion atmosférica se llama *barómetro.*

10. A Torricelli, discípulo de Galiléa, se debe la primera

(1) Véase la descripcion de esta máquina.

idea de la construccion de este instrumento.—He aquí su esperiencia.—Un tubo de cristal de tres pies de largo próximamente, cerrado por uno de sus estremos, se llena exactamente de mercurio.—Se invierte el tubo tapando el otro estremo con el dedo i se sumerje en una cubeta de mercurio. El nivel baja i se detiene a la altura de 76 centímetros, o 32 pulgadas españolas.—Segun el modo de verificarse esta esperiencia el aire no puede entrar en el tubo, el vacío es perfecto en su estremidad i por esta parte ninguna presion se ejerce sobre el mercurio. Por el contrario el de la cubeta sufre toda la presion del aire atmosférico, cuya presion sostiene la columna de las 32 pulgadas de mercurio (fig. 32).—De esta esperiencia se deduce: 1.° la presion atmosférica sobre una superficie dada, equivale al peso de una columna de mercurio, cuya base sea la superficie sobre que se ejerce la presion, i su altura 32 pulgadas o 76 centímetros próximamente.

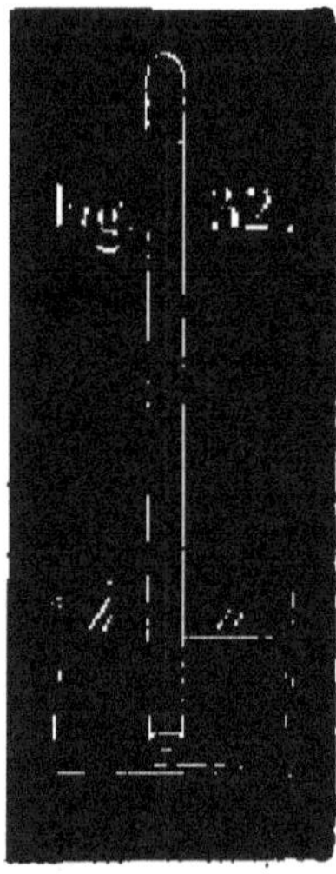

2.° Si en lugar de mercurio, nos sirviésemos de otro líquido, la altura de la columna líquida que equilibrare la presion atmosférica, estaria en razon inversa de su densidad. Para el agua, por ejemplo, esta altura sería $0^m,76 \times 13,61$ $10^m,336$ o 32 pies próximamente.

3.° La altura barométrica es absolutamente independiente de la forma del tubo i de su diámetro, con tal que no sea capilar.

4.° La altura de la columna barométrica debe disminuir a medida que uno se eleva en la atmósfera; puesto que se encuentra libre de todas las capas de aire colocadas debajo de sí. Estos hechos han sido comprobados por la esperiencia, i el último sirve de principio para medir las alturas.

11. **Clases de barómetros.** Se conocen dos clases de barómetros.

1.ª Los de cubeta; 2.ª los de sifon.

12. **Barómetro de cubeta.** El barómetro de cubeta comun consiste en un tubo unido a una tabla que eleva una escala vertical, cuyo cero corresponde al nivel del mercurio

en la cubeta; el nivel superior se observa por medio de su vernier (fig. 33).

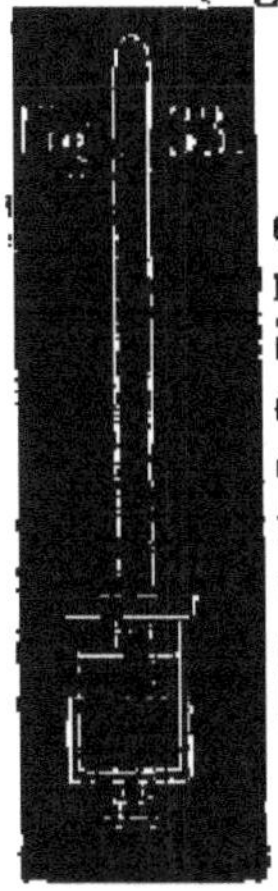

13. **Barómetro de Forlin** (fig. 33). En este barómetro, la cuba está provista de su fondo móvil de piel de gama, que una cinta puede subir i bajar a voluntad.—La graduacion está trazada en un estuche de cobre que rodea el tubo, i el cero corresponde a la estremidad de una punta de marfil fija que penetra por el cobertizo en la cubeta.—En cada observacion se debe alzar el fondo móvil hasta que el nivel del mercurio enrase con la estremidad de la punta de marfil.

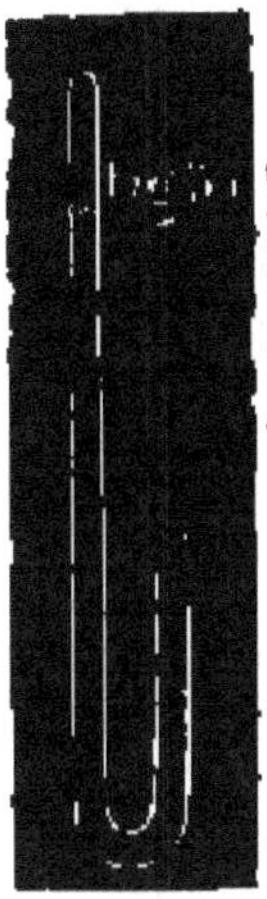

14. **Barómetro de Sifon** (fig. 34). El tubo de este barómetro es encorvado i con dos brazos desiguales. El mas corto, que está abierto, hace veces de cubeta. La altura de la columna mercurial que equilibra la presion esterior de la distancia vertical. La altura barométrica se mide por medio de una escala vertical, cuyo cero puede colocarse ya entre ambos niveles, ya debajo del nivel inferior. En el primer caso se hace la suma; en el segundo se halla la diferencia de las dos distancias observadas.

15. **Barómetro de Gay Lussac** (fig. 35). Es un barómetro de Sifon, cuyos brazos están reunidos por un tubo capilar. El brazo corto está cerrado, i solo comunica con el aire esterior por un edificio cónico mui estrecho *o*, cuya punta es reentrante. El aparato está encerrado en un estuche metálico provisto de dos hendiduras lonjitudinales paralelas, destinadas a permitir la vista de los dos niveles. Dos correderas móviles haciendo veces de vernier permiten calcular mui aproximadamente la distancia de los niveles.

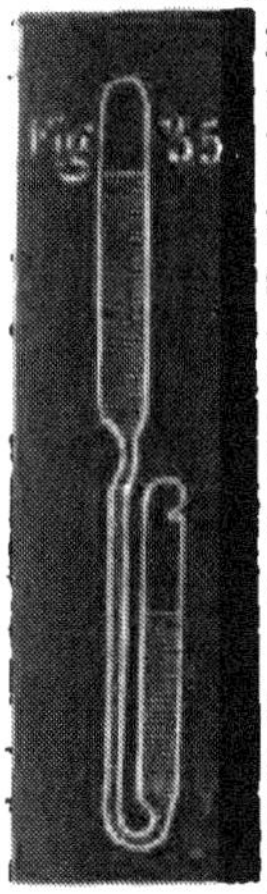

16. **Altura media.** La altura media del barómetro en el nivel del mar es de $0^{m},76$. La presion de esta columna de mercurio a la de una columna de agua de 10 ,336, lo que da una presion media de $103^{cil.},36$ por cada decímetro cuadrado o próximamente un kilógramo por centímetro cuadrado. Calculando la presion que el aire ejerce sobre un hombre de mediana estatura, hallamos que sufre el enorme peso de 1800 kilógramos.

17. **Presiones ejercidas por los gases en virtud de su espansibilidad.** Llámase *tension* o *fuerza elástica* de un gas la presion que se ejerce igualmente i en todos sentidos al rededor de cada una de sus moléculas, en virtud de su mútua i constante repulsion.

18. En una gran masa gaseosa en equilibrio, como la atmósfera, la *tension* o *fuerza espansiva* es en cada punto, igual a la presion producida por la pesantez de la columna de aire que está encima, puesto que la sostiene en equilibrio.

19. **Demostracion.** Si sumerjimos en el agua un tubo ancho i abierto por ambos lados, el nivel del líquido será igual dentro i fuera del tubo; el nivel subsistirá así mismo, aunque uno de los estremos del tubo se cierre; lo que prueba que la fuerza elástica del gas interior es igual a la presion de la atmósfera, con la cual estaba ántes en comunicacion.

Observacion. Pero si comprimimos el aire interior, o por el contrario lo dilatamos, cambiará su tension; en el primer caso la presion aumenta i el nivel del líquido interior baja mas que el nivel esterior; en el segundo disminuye i el nivel interior sube mas que el esterior.

21. **Consecuencia.** De lo dicho, se deduce que la *fuerza elástica* de un gas es independiente de su peso; pero tiene una relacion importante con el volúmen que se le hace ocupar. Esta relacion es conocida con el nombre de *lei de Boyles*, o de *Mariotte*.

22. **Lei de Mariotte.** *Los volúmenes ocupados por una masa dada de gas están en razon inversa de las presiones que sufren.*

23. **Demostracion.** Para demostrar esta lei se emplea un tubo encorbado (fig. 36) en forma de sifon. El brazo córto está cerrado i dividido en parte de igual tamaño. El mas largo está abierto i dividido tambien en partes iguales. Se introduce mercurio en el tubo hasta que los niveles de los dos brazos se coloquen en un mismo plano horizontal. Entónces es evidente que el aire contenido en el brazo cerrado posee una fuerza elástica exactamente igual a la presion de la atmósfera. Hecho esto, se derrama mercurio en el brazo largo hasta que el volúmen del aire interior se haya reducido a la mitad. Este aire sufrirá entónces una presion atmosférica, mas la presion de la columna de mercurio comprendida entre el nivel superior i la prolongacion horizontal del nivel inferior; pero se ha comprobado que esta altura es exactamente igual a la del mercurio en el barómetro, i por consiguiente que equivale a una presion atmosférica. De que se sigue que cuando la presion que sufre el gas es doble, su volúmen es dos veces menor. Del mismo modo veríamos que con una presion triple, el volúmen se reduciria al tercio, i así sucesivamente. MM. Arago i Dulong han demostrado por la esperiencia que esta lei es cierta en el aire atmosférico hasta 27 atmósferas.

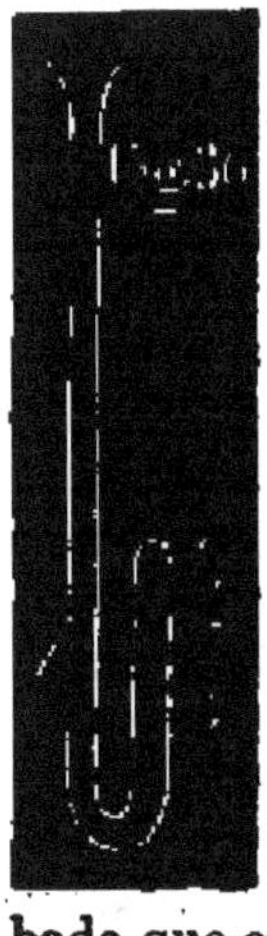

24. **Consecuencia.** En la esperiencia que precede el peso del gas no varía: luego su densidad varía en razon inversa de su volúmen. I puesto que el volúmen varía en razon inversa de su presion, resulta: *que la densidad de los gases es proporcional a las presiones que sufren.*

25. **Medida de la elasticidad de los gases.** El medio mas exacto de medir la presion de un gas es hallar la altura de una columna líquida a que equilibra. Cuando los

gases están mui comprimidos o se quiere graduar las presiones que ejercen en las calderas de las máquinas de vapor, se emplean unos instrumentos fundados en la lei de Mariotte, llamados *manómetros*.

26. **Mezcla de gases.** Los gases puestos en contacto, cuando no tienen entre sí accion química, se mezclan exactamente sea cual fuere la diferencia de su peso específico. Berthollet acreditó este hecho por la esperiencia. Si la mezcla se opera a una temperatura igual i en un vaso de paredes inestensibles, la fuerza elástica de la mezcla será igual a la suma de la fuerza elástica de ambos. Si el vaso es de paredes estensibles i la mezcla está sometida a la presion atmosférica, la fuerza elástica es igual a esta presion; pero el volúmen de la mezcla es igual a la suma de los volúmenes mezclados.

27. La lei de Mariotte se aplica lo mismo a a mezcla que a los gases simples.

28. **Instrumentos fundados sobre las propiedades del aire. Máquina neumática.** La *máquina neumática* es un instrumento destinado a hacer el vacío en un espacio dado, o a lo ménos a enrarecer mucho el aire que contiene en el recipiente. Ha sido inventada por Otto de Guericke en 1650. Esta máquina considerada en su mayor estado de sencillez, se compone (fig. 37): 1.° de un cilindro ABCD de cristal o metal llamado *cuerpo de bomba*; 2.° de un *piston* P; 3.° de un tubo de aspiracion colocado a la estremidad inferior del cuerpo de bomba, cuyo tubo viene a abrirse al centro de un platillo horizontal que se llama *platino* de la máquina, i sobre el cual se colocan los vasos o recipientes, que son jeneralmente unas campanas de cristal; i 4.° dos vávulas que completan el mecanismo de la máquina, colocadas la una en el mismo piston, i la otra en el punto de union del cuerpo de bomba con el tubo de aspiracion.

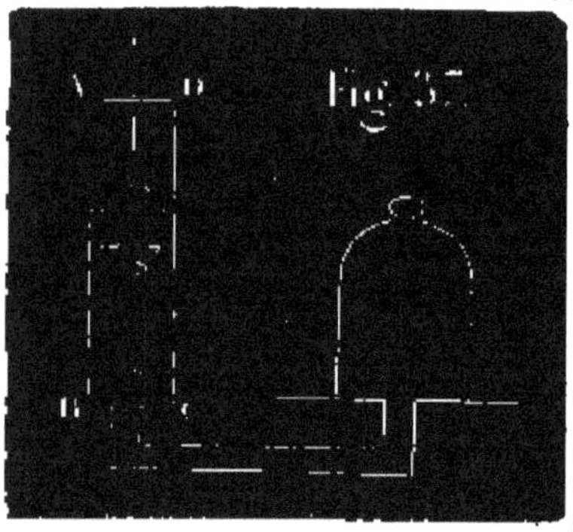
Fig. 37.

29. **Juego de la máquina.** Supongamos desde lue-

go que el piston está colocado en el fondo horizontal del cuerpo de bomba, i que levantamos el piston; formaremos debajo de él un vacío: la válvula del piston permanecerá cerrada a causa de la opresion del aire esterior: la válvula del tubo de aspiracion, privada de la presion del aire, se abre por la fuerza elástica del aire contenido en el tubo de aspiracion i en el recipiente. Este aire, esparciéndose uniformemente en todo el espacio que se le ofrece, aumenta por consiguiente de volúmen i disminuye de densidad. En este estado de cosas, la válvula del recipiente se cierra por su propio peso. Si entónces bajamos el piston, el aire comprimido levanta la válvula del piston i se lanza en la atmósfera. Si ahora volvemos a levantar el piston, produciremos una serie de fenómenos iguales, que reproduciremos a voluntad por el mismo medio.

30. **Lei de la rarefaccion del aire.** Admitiendo que el cuerpo de bomba tenga igual capacidad que el tubo de aspiracion i el recipiente de la máquina, es evidente que al primer juego de la máquina la cantidad del aire interior, que era 1, se abrá convertido en $\frac{1}{2}$, al segundo juego o embolada en $\frac{1}{4}$, al tercero a $\frac{1}{8}$, al cuarto a $\frac{1}{16}$ etc.; por manera que las restas sucesivas i las cantidades de aire sustraidas formarán una progresion jeométrica decreciente a lo infinito. De que se deduce que con la máquina neumática, por mui perfecta que sea, jamas puede obtenerse un vacío perfecto.

31. Perfecciones sucesivas de la máquina neumática. En la máquina neumática se han hecho varias mejoras; pero la principal fué la de sustituir al cuerpo de bomba, dos que se mueven alternativamente por medio de una rueda dentada: el vacío se opera con mayor rapidez. El tubo de aspiracion, que comunica con el recipiente, se bifurca cerca de los dos cuerpos de bomba, i se termina en cada uno de ellos por una abertura única, destinada à recibir la válvula correspondiente (fig. 38). A la máquina se añade un pequeño barómetro de sifon, llamado *proveta*, que indica el grado de rarefaccion.

Fig. 38.

32. Esperiencias.-Hemisferios de Magdebourg. Entre las varias esperiencias que pueden hacerse con la máquina neumática, citaremos algunas que prueban la presion que ejerce el aire atmosférico. Otro de Guiricke hizo con su máquina la esperiencia en los hemisferios de Magdebourg. Consiste en dos hemisferios de metal huecos que pueden sobreponerse exactamente (fig. 39). Mientras que están llenos de aire se separan fácilmente; pero luego que se hace el vacío por medio de la máquina, se adhieren con tal fuerza que dos hombres, tirando en sentido contrario, no pueden separarlos.

Fig. 39.

33. Máquina de compresion. La máquina de compresion es enteramente semejante a la máquina neumática, con la única diferencia que las válvulas del piston i del cuerpo de bomba se abren de arriba abajo en lugar de abrirse de abajo arriba, por cuyo medio se vá comprimiendo el aire en el recipiente (fig. 40).

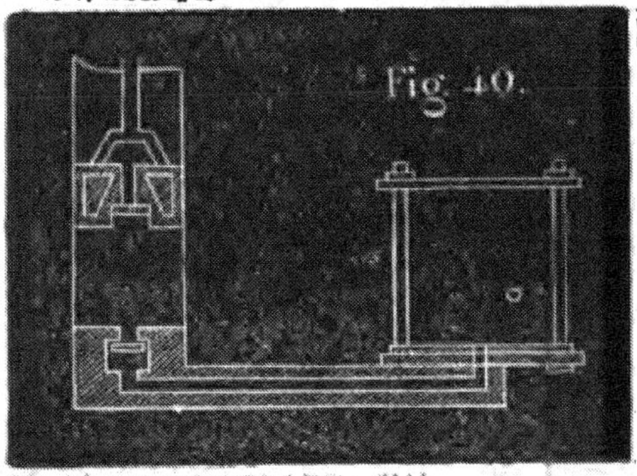

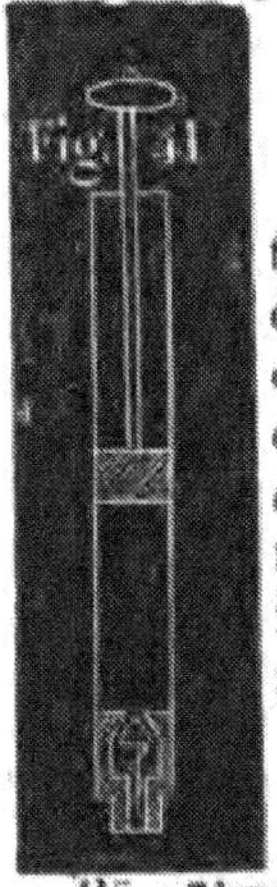

34. Bombas impelentes. El piston de estas bombas (fig. 41) no tiene válvula: en lo alto de la pared lateral del cuerpo de bomba, hai un orificio colocado algo mas abajo del límite hasta donde puede correr el piston. Cuando se levanta el piston se forma debajo un vacío, que se llena tan luego como el piston sube mas arriba del orificio: al bajar el piston, el aire interior se comprime, abre la válvula inferior i pasa al recipiente.

35. Fuente de compresion. Por medio de una bomba impelente se comprime fuertemente el aire en una basija llena de agua próximamente hasta las tres cuartas partes de su altura, i provista de un tubo que se sumerje en el agua i que se abre al esterior, por un orificio capilar: en el momento que se abre este tubo, el agua salta con violencia i forma un surtidor tanto mas alto cuanto mayor sea la compresion.

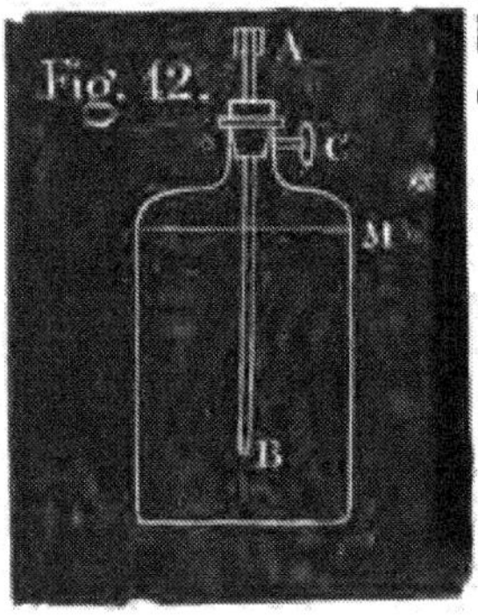

36. **Escopeta de viento.** En esta escopeta, la culata hace veces de recipiente: está provista de una válvula que se abre hácia adentro. Una bomba *impelente* sirve para comprimir el aire de la culata. Despues de cargada la bomba se sustituye por una especie de batería.

37. **Aerostacion.—Estension del principio de Arquímedes.** Este principio es tan verdadero para los gases como para los líquidos. Examinemos sus consecuencias.

38. **Consecuencias.**—1.ª Cuando se pesa un cuerpo en el aire, no obtenemos el peso real, sino el exceso del peso del cuerpo sobre el peso del volúmen del aire que desaloja. El *baroscopo* comprueba esta verdad.

2.ª Cuando un cuerpo se halla sumerjido en el aire, pueden suceder tres cosas: 1.ª que el cuerpo pese mas que el aire que desaloje. Entónces cae con una fuerza igual al exceso de su peso sobre la impulsion del fluido; 2.ª que el cuerpo pese tanto como el aire que desaloje. Entónces la impulsion del fluido equilibra el peso del cuerpo, i este queda suspendido en la atmósfera, i 3.ª que el cuerpo pese ménos que el volúmen del aire desalojado. En este caso el cuerpo se eleva i su fuerza ascensional tiene por medida el exceso del peso del aire desalojado sobre el del cuerpo.

39. **Globos aerostáticos.** En esta última consecuencia está fundada la teoría de los *globos aerostáticos*, que siendo mas lijeros que el aire que desalojan, se elevan en la atmósfera. Los globos se componen jeneralmente de una cubierta de papel, i mejor de tafetan engomado, que presentan despues de hinchados una forma esferoidal: el hemisferio superior está recubierto de una red de cuerdas destinadas a sostener la barquilla que lleva el aeronauta, el lastre i los instrumentos de observacion. El globo debe llenarse con un gas mas lijero que el aire.

40. **Montgolfieras.** Los primeros globos fueron inventados por Montgolfier, por lo cual se llamaron *montgolfieras*, los cuales se llenaban con aire caliente.

41. **Globos de gas hidrójeno.** Se ha sustituido con ventajas al aire caliente el gas hidrójeno, cuerpo el mas lijero que se conoce, pues pesa catorce veces ménos que el aire próximamente. En este caso el globo tiene en su parte superior una válvula que el aeronauta puede abrir para disminuir la

fuerza ascensional. Cuando por el contrario quiere aumentarla, alijera el lastre, que consiste en sacos de arena. Una especie de paraguas, llamado *paracaidas*, completa todo el aparato aerostático.

42. **Viajes aerostáticos.** El mas célebre de estos viajes fué el que hizo M. Gay-Lussac en 1804, elevándose hasta 7,000 metros. En esta altura el barómetro bajó de 76$^{cent.}$, 52 a 32$^{cent.}$, 88; el termómetro que en el momento de la subida marcaba 30°, bajó a 10° bajo cero; i la sequedad del aire era tal, que todas las sustancias higrométricas, como el papel i el pergamino, perdian su humedad, se arrugaban i ponian como si se hubiesen aplicado al fuego.

§ IX. *Hidrodinámica.*

1. **La hidrodinámica** es la parte de la mecánica que trata del movimiento de los fluidos. Solo examinaremos rápidamente un solo caso particular del movimiento de los líquidos.

2. **Salida de los líquidos.** Supondremos que un líquido contenido en una *vasija* que se mantiene *constantemente llena* sale por un *orificio circular* i de poco grueso.

Teorema de Toricelli. En este caso la velocidad de que están animadas sus moléculas a su salida del orificio es igual a la que hubiera adquirido un cuerpo pesado bajando en descenso libre desde el nivel del líquido al orificio de salida. Tal es el *teorema de Toricelli.*

3. **Demostracion.** Para demostrar este teorema puede añadirse al orificio un tubo encorvado hácia arriba, i se ve entónces que el líquido se lanza próximamente a la altura del nivel. Ahora bien: la velocidad inicial de una molécula lanzada verticalmente es igual a la velocidad que adquiriria volviendo a caer.

Sin embargo, calculando la cantidad de agua que corre en un tiempo dado, i la que deberia salir por la velocidad indicada en el principio sentado, se ve que la salida efectiva es solo los 0,6 o 0,7 de la salida obtenida por la teoría. Esta diferencia no la destruye, puesto que es efecto de la *contraccion de la vena fluida.*

4. **Contraccion de la vena fluida.** Si consideramos

una vena líquida, horizontal i vertical, i la seguimos desde el momento en que sale del orificio hasta que comienza a separarse en gotas, veremos que a su salida su diámetro es exactamente igual al diámetro del orificio: pero luego va contrayéndose poco a poco, de manera que a una distancia igual al diámetro del orificio, su seccion con su plano perpendicular a su eje, no es mas que los dos tercios de una seccion igual en el orificio. La causa de esta contraccion es la converjencia de los hilos líquidos que componen la vena.

5. **Descripcion de la vena líquida.** Su primera parte es siempre llena, continua, clara i semejante a una barra del mas puro cristal; mas luego se vuelve opaca, i se divide por efecto de la resistencia del aire i de la aceleracion de la velocidad que toman las moléculas entre sí.

6. **Consecuencias del teorema de Toricelli.** 1.ª La velocidad de la salida i corrida de un líquido solo depende de su altura i cantidad sobre un orificio, i de ningun modo de la naturaleza del líquido, puesto que los cuerpos, cayendo de la misma altura en el vacío, adquieren la misma velocidad. Por consiguiente, un vaso tardará igual tiempo en vaciarse, ya esté lleno de agua, ya de mercurio.

2.ª Las velocidades de la corrida de los líquidos en cantidad i alturas distintas son proporcionales a la raiz cuadrada de sus alturas sobre el orificio. Una salida constante supone, pues, un nivel constante.

7. **Vaso de Mariotte.** Está destinado a obtener un nivel constante. Consiste en un vaso con dos orificios A i B: el primero cerrado herméticamente por un tapon atravesado por un tubo abierto por ambos lados i metido en el líquido de que está lleno el vaso. Cuando el aparato se halla en la posicion en que se ve dibujado en la fig. 43, el líquido sale por el orificio B como si cayera de una altura CD. Se ve, pues, que es suficiente introducir mas o ménos el tubo en el líquido para hacer variar la velocidad de la salida que permanece constantemente hasta que el nivel KK haya bajado a C.

Fig. 43.

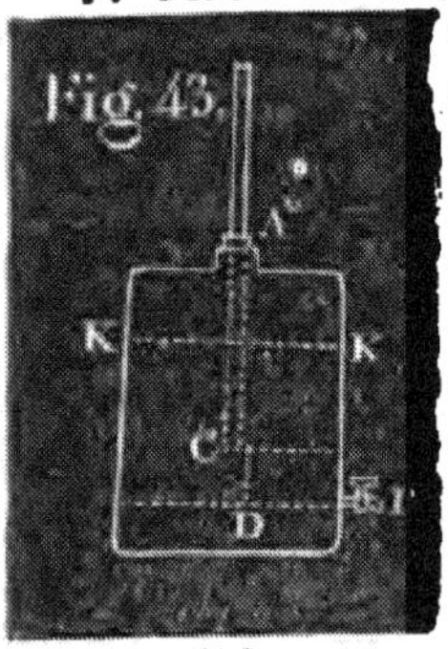

8. **Sifones.** El *sifon* es un instrumento destinado a tras-

vasar los líquidos. Consiste en un tubo corvo de cristal o metal con dos brazos desiguales. Veamos su mecanismo:

Supongamos (fig. 44), un líquido que deseamos trasvasar del vaso superior A al inferior B por medio de un sifon. La primera operacion será aspirar el aire por el brazo largo, formar dentro del tubo el vacío, i el líquido de la vasija A impelido por la presion atmosférica subirá hasta N, donde bajará en virtud de su propio peso por el brazo largo a la vasija inferior B. Es necesario que el brazo corto del sifon tenga ménos altura que la columna a que la presion atmosférica puede elevar el líquido, segun su densidad; por manera que si el líquido es agua, la altura vertical debe ser menor que 32 pies, i siendo mercurio, que 76 centímetros o 32 pulgadas. La figura está dispuesta para demostrar matemáticamente el mecanismo del sifon. En efecto, sea P la presion atmosférica ejercida en el punto M: h la presion ejercida en sentido contrario por la columna líquida MNP la presion atmosférica que hace subir de nuevo el líquido en el punto L i H la presion de la columna líquida L N. que obra en sentido contrario. De que se deduce que el líquido tenderá a pasar de A a B con una fuerza P—h, i del B a A con una fuerza P—H. Por consiguiente, podrán suceder tres cosas, a saber: H > h, H = h o H < h. En el primer caso el líquido se trasladará de A a B; en el segundo quedará en equilibrio, i en el tercero retrocederá de B a A.

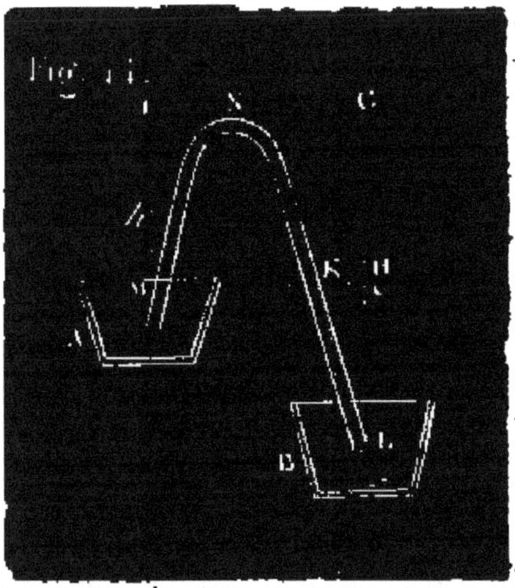

9. Sifon intermitente. La figura 45 manisfiesta uno de esta especie. Su mecanismo es igual al de la

10 Bombas. Las *bombas* son unos aparatos destinados a elevar el agua. Se conocen tres especies principales, a saber: *bomba aspirante, bomba impelente, bomba aspirante e impelente.*

11. Bomba aspirante. Se compone de cuatro partes. 1.ª un gran cilindro llamado cuerpo de bomba; 2.ª un tubo de aspiracion sumerjido en el agua del pozo; 3.ª un piston o émbolo, i 4.ª dos válvulas que se abren hácia arriba. El espacio que media entre la parte mas inferior a que puede bajar el piston i el cuerpo de bomba se llama *espacio perjudicial.*

12. Juego de la bomba. Supongamos (fig. 46) que alzamos el piston partiendo del límite inferior *a b*: el aire contenido en el *espacio perjudicial acb* se dilata, i la válvula *s* se abre por el exceso de tension del aire contenido en el tubo de aspiracion, i la presion atmosférica hará subir el agua en el tubo de aspiracion hasta que la elasticidad del aire interior i el peso del agua elevada equilibren la presion atmosférica. Si luego bajamos el piston, el aire comprimido abre la válvula superior i se incorpora a la atmósfera; i alzando de nuevo el piston se reproducen los mismos fenómenos, i el agua que se habia ya elevado hasta *m* sube hasta *n*, i así sucesivamente hasta que penetra en el cuerpo de bomba i llena enteramente el *espacio perjudicial.* Entónces si se baja el piston, el aire que queda debajo de él es espulsado enteramente, i el agua pasa sobre el piston: por manera que cuando en lo sucesivo se levante este, el agua subirá con él impelida por la presion del

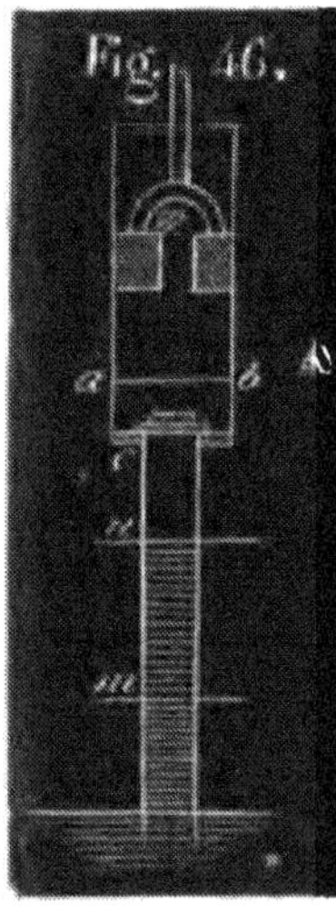

aire esterior, elevando en cada ascension un volúmen igual al espacio que recorra.

13. **Altura del piston sobre el pozo.** No puede exceder de 32 pies o de 10^m, 336, porque es la mayor elevacion a que la presion atmosférica puede hacer subir el agua en el vacío.

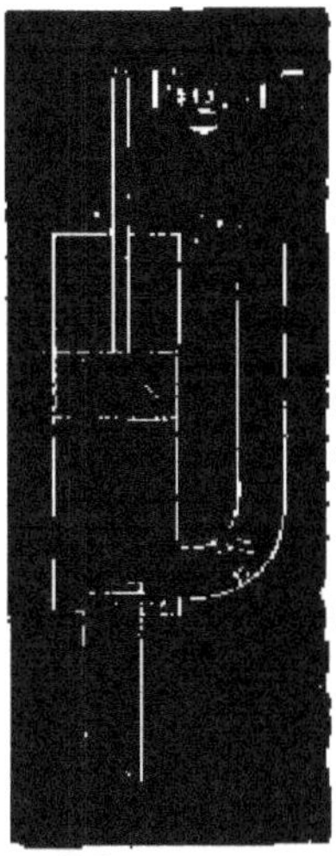

14. **Bomba aspirante e impelente.** En esta bomba el piston no tiene válvula. La parte inferior del cuerpo de bomba comunica con un tubo lateral, llamado *tubo de ascension*. Una válvula que se abre de dentro afuera establece o intercepta la comunicacion entre el tubo de ascension i el cuerpo de bomba. La teoría es la misma que la de la bomba aspirante, solo que luego que el agua llega al cuerpo de bomba, en vez de subir sobre el piston, este la impele de continuo al tubo de ascension (fig. 47).

15. **Bomba impelente.** Es idéntica a la que acabamos de describir, solo que carece del tubo de aspiracion; i el cuerpo de bomba se sumerje directamente en el depósito de agua. Así son las bombas de los incendios.

SECCION 2.ª—ACCIONES MOLECULARES.

§ I.—*Adhesion.—Capilaridad.*

1. **Atraccion.** Todos los cuerpos de la naturaleza tienden a lanzarse unos hácia los otros en virtud de una fuerza universal, desconocida en su esencia, i a la cual Newton ha llamado *atraccion*. Esta fuerza toma los nombres de

Gravitacion, cuando se ejerce entre las masas planetarias; de

Pesantez o *gravedad*, cuando se ejerce entre las masas

del globo terrestre i de los cuerpos colocados en su superficie; de

Atraccion molecular, cuando obra entre los elementos materiales de los cuerpos a distancias insensibles.

2. **Acciones moleculares.—Esfera de actividad de las moléculas.** Cada molécula de un cuerpo ejerce sobre las moléculas que la rodean una accion que solo se estiende hasta una distancia infinitamente pequeña. Si al rededor de esta molécula, como centro, describimos una esfera con un radio igual a la distancia, máximum a que se deja sentir la atraccion molecular, tendremos lo que se llama *esfera de actividad* de las moléculas.

3. La *atraccion molecular* se subdivide en *cohesion*, *afinidad* i *adhesion*.

4. **Cohesion.** La *cohesion* es la adherencia que se ejerce entre las partes homojéneas, simples o compuestas, de un cuerpo, i que se opone a su separacion.

5. **Afinidad.** La *afinidad* es la atraccion que se ejerce entre las moléculas heterojéneas de un cuerpo compuesto.

6. **Adhesion.** La adhesion es la atraccion que se ejerce entre dos cuerpos separados, homojéneos o heterojéneos, que se ponen en contacto.

7. **Adhesion de los cuerpos sólidos entre sí.** Muchos ejemplos podrian citarse. Dos balas de plomo recien cortadas i colocadas la una sobre la otra adhieren fuertemente. Dos discos de cristal bien lisos adquieren igual adherencia. En las fábricas de cristales los que se colocan unos sobre otros adhieren tan fuertemente, que muchas veces no pueden separarse sin romperse. Estas esperiencias hechas en el vacío dan los mismos resultados, de que se deduce que no son efecto de la presion atmosférica.

8. **Adhesion de los sólidos con los líquidos.** Si suspendemos al platillo de la balanza hidrostática un disco de cristal, i hacemos que su superficie toque a un líquido, veremos que se establece entre el líquido i el cristal una adherencia que solo puede vencerse poniendo en el platillo opuesto de la balanza un peso bastante notable.

9. **Adhesion de los gases con los sólidos.** Basta para hacer visible esta propiedad conocer la que tienen muchos cuerpos porosos, como el carbon, de absorver los gases.

10. **Capilaridad.** La *adhesion* de los cuerpos sólidos con los líquidos en contacto da oríjen a una serie de fenómenos particulares, llamados *capilares*. Tales son los hechos siguientes:

1.° Si introducimos una barrita de cristal en el agua, al retirarla queda suspendida a ella una gota de agua redondeada. Es efecto de la atraccion del cristal con la primera capa líquida i de esta con las demas.

2.° Introduciendo en un líquido un cuerpo susceptible de ser mojado por él (una lámina de cristal en el agua) se nota que el líquido se eleva al rededor de la superficie esterior del cuerpo, formando una especie de anillo cóncavo.

3.° Si por el contrario, el cuerpo no es susceptible de ser mojado por el líquido (cristal i mercurio), el líquido se deprime al rededor del cuerpo.

Observacion. Los fenómenos capilares toman un carácter mas notable cuando se observan en tubos estrechos. Las primeras observaciones se hicieron en tubos tan estrechos, cuyo diámetro era poco mas que el de un cabello, i de aquí el nombre de *fenómenos capilares* con que se conocen.

4.° Si sumerjimos un tubo ancho de cristal en una masa

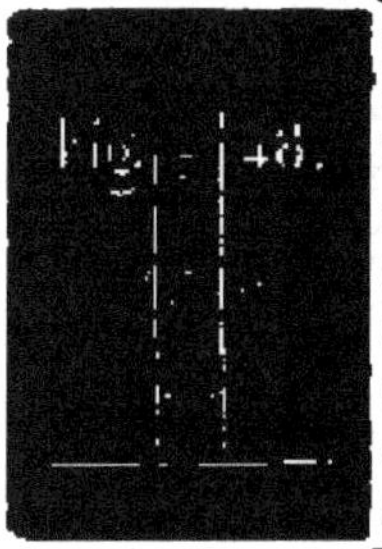
Fig. 48.

de agua, el nivel de este líquido estará en un mismo plano horizontal, así fuera como dentro del tubo; pero si estrechamos progresivamente este, notaremos: 1.° que la parte plana de la superficie interior disminuirá poco a poco hasta desaparecer enteramente; 2.° que el nivel interior va subiendo mas i mas con la disminucion del diámetro del tubo, i 3.° que el líquido interior toma en su superficie la forma de un segmento hemisférico cóncavo, llamado *menisco cóncavo* (fig. 48).

5.ª Si por el contrario se introduce el tubo en un líquido que no le moje, como el mercurio, los fenómenos tienen lugar en un órden inverso. El mercurio se deprimirá en lo interior del tubo, i su superficie presentará un segmento esférico, convexo, llamado *menisco convexo* (fig. 49). Dos láminas de cristal planas i paralelas sumerjidas en el agua o en el mercurio, cuando se aproximan lo bastante, dan orijen a los mismos fenómenos: sin embargo, la ascension o depresion del liquido entre las dos láminas solo es igual a la mitad de lo que seria en un tubo de igual diámetro.

Fig. 49.

11. **Leyes de los fenómenos capilares.**—1.ª Los fenómenos capilares tienen tambien lugar en el vacío.

2.ª La elevacion i depresion de un líquido en un espacio capilar es independiente de la densidad del cuerpo con que está en contacto.

3.ª Si mojamos un tubo de un diámetro constante, sea cual fuere la naturaleza del cuerpo que le forme, los líquidos de una misma naturaleza se elevan siempre igualmente.

4.ª Las alturas de las columnas líquidas elevadas o deprimidas están en razon inversa de los diámetros de los tubos. La esperiencia comprueba estas leyes.

12. **Causa de los fenómenos capilares.** La ascension i la depresion de un líquido en un espacio capilar depende de la forma de su curvatura, la cual depende a su vez de la relacion que existe entre la atraccion de las moléculas del tubo con el líquido i de la de estas entre sí.

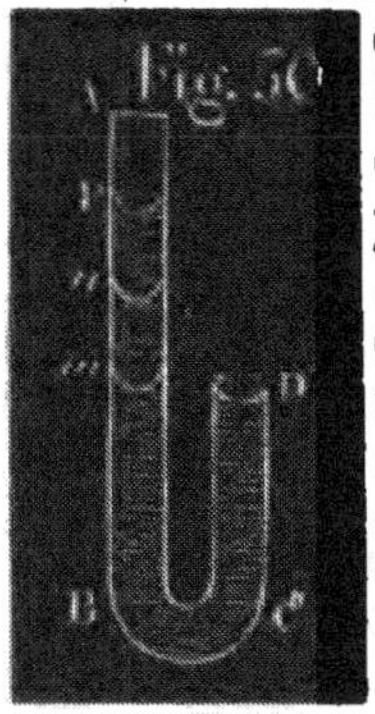

13. **Demostracion.** Tómese el tubo de cristal ABCD (fig. 50), llénese de agua el brazo pequeño hasta que la superficie cóncava de este líquido envase el borde D del tubo. El brazo mayor contendrá agua hasta la misma altura. Derrámese mas líquido por este brazo hasta que la superficie de D sea plana. Entónces el nivel del líquido en el brazo mayor subirá una cierta cantidad *mn*. Si añadimos to[illegible] agua hasta que este líquido termine [illegible] una superficie convexa, cuya curva sea igual a la superficie cóncava primitiva, i el nivel se elevará a una cantidad *mp*, doble de *mn*. Lo que demuestra la teoría sentada.

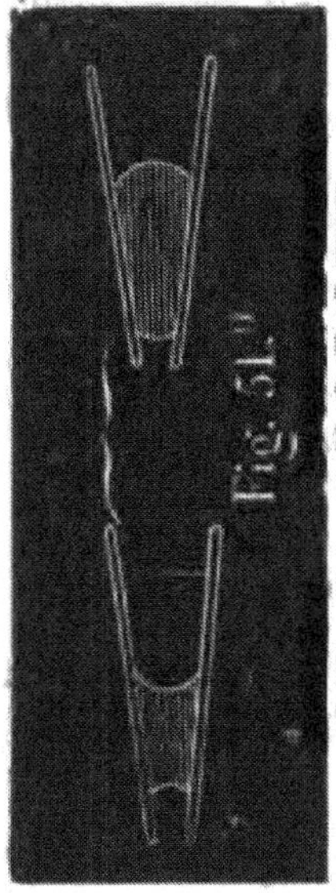

14. **Fenómenos de movimientos producidos por la capilaridad.** Una gota de agua colocada entre dos láminas inclinadas de cristal forman en cada uno de sus estremos un *menisco cóncavo* i corre hácia el vertical del ángulo que forman las láminas (fig. 42).

Si el líquido no moja las láminas, el menisco será convexo i el líquido huirá el vértice del ángulo (fig. 51).

15. **Atracciones i repulsiones.** Las atracciones i repulsiones que esperimentan los cuerpos flotantes tienen su oríjen en los fenómenos capilares.

16. **Demostracion.** Colóquense dos cuerpos esféricos (fig. 52) en la superficie de un líquido, i observaremos los fenómenos siguientes: 1.° Si ambos cuerpos flotantes son mojados por el líquido, se atraerán fuertemente a la distancia capilar, 2.° Si el líquido no les moja se atraerán tambien a la distancia capilar. 3.° I finalmente, si uno de los cuerpos flotantes es mojado i el otro no, habrá entre ambos una viva repulsion, En el primer caso, la superficie del líquido a la distancia capilar entre las dos esferas será cóncava; en el segundo convexa, i en el tercero, parte cóncava i parte convexa.

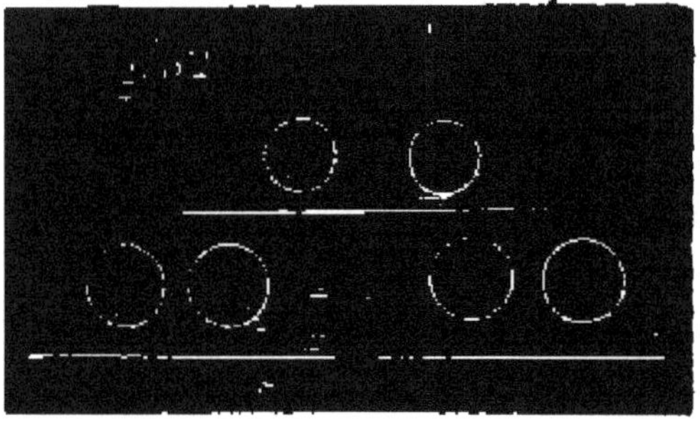

17. **Aplicaciones.** Se esplican fácilmente por los fenómenos capilares los hechos siguientes. Las agujas de acero que flotan en el agua, a pesar del exceso de su peso específico, Los insectos flotantes. La imbibicion de las esponjas de la leña, del azúcar i de un poco de arena, cuyas bases toquen en un líquido El movimiento de la savia en los vejetales. La ascension del aceite en la mecha de una lámpara, etc,

3.ª SECCION.—ACÚSTICA.

§ I. *Acústica.—Produccion i propagacion de los sonidos.*

1. La *acústica* tiene por objeto estudiar la produccion i propagacion de los sonidos, i las leyes de las vibraciones de los cuerpos sonoros,

2. El *sonido*, considerado con relacion al órgano que le percibe, es una sensacion excitada en nosotros por una cierta modificacion en la materia ponderable.

3. El *sonido*, considerado ya en el cuerpo que le produce, ya en el cuerpo que le trasmite, es el resultado de un movimiento vibratorio impreso a la materia ponderable.—Vamos a

demostrar sucesivamente las dos partes de esta definicion.

4. **Produccion del sonido.** 1.° *El sonido es el resultado de un movimiento vibratorio en el cuerpo que le produce.*

Demostracion. Si fijamos en un torno una larga lámina de acero, i la abandonamos a sí misma despues de separarla de su posicion de equilibrio, comenzará a vacilar tan lentamente que la vista podrá contar sus oscilaciones, aunque el oido no percibirá ningun sonido; pero disminuyendo la lonjitud de la parte vibrante, haremos sus oscilaciones cada vez mas rápidas, de manera que la vista dejará de percibirlas, cuando el oido distinguirá un sonido distinto que, en un principio grave, será haciendo mas agudo a medida que la lámina vibrante se haga mas corta i las vibraciones mas rápidas.

5. **Consecuencia.** Dedúcese, pues, que un *sonido* es tanto mas *agudo* cuanto mas rápidas sean las vibraciones del cuerpo sonoro que le produce, i tanto mas *grave* cuanto mas lentas sean aquellas.

6. **Límites de los sonidos.** Las esperiencias de M. Savart han demostrado que el sonido mas grave que nuestros órganos pueden percibir es el de 16 vibraciones i el mas agudo el de 48,000.

7. **Sonido musical.—Ruido.** El primero exije que las vibraciones sean no solo rápidas, sino continuas, isócronas, i que vengan a afectar nuestro órgano en intervalos iguales i periódicos. El *ruido* no necesita ninguna de estas condiciones.

8. **Intensidad i timbre.** Dos *sonidos musicales* correspondientes a un mismo número de vibraciones por segundo se llaman *unísonos*; pero pueden aun distinguirse por dos calidades nuevas, la *intensidad* i el *timbre*. Un no sé qué indefinible que diferencia entre sí los sonidos unísonos constituye su *timbre*.

La *intensidad* o fuerza del sonido parece depende del tamaño de las vibraciones.

9. **Propagacion del sonido.** 2.° *El sonido es el resultado de un movimiento vibratorio en el cuerpo que le trasmite.*

Demostracion. Si un observador se coloca a la cabeza

de una hilera de soldados, colocados en una misma línea a ciento cincuenta o doscientos pasos unos de otros, i que a una señal dada descargan todos simultáneamente sus fusiles, percibirá, no una sola detonacion, sino en intervalos iguales, primero la detonacion del fusil mas próximo, luego la del segundo, luego la del tercero, etc. De que se deduce que el sonido se propaga sucesiva e uniformemente al rededor del centro de conmocion en que tuvo oríjen, i que el *movimiento* es el carácter esencial de su trasmision.

10. Dedúcese de aquí que el *sonido no puede trasmitirse en el vacío*. I en efecto, si se hace sonar una campanilla despues de hecho el vacío con la máquina neumática, ningun sonido se percibe; que va apareciendo por grados a medida que se devuelve el aire al recipiente.

11. La esperiencia prueba igualmente que el sonido se trasmite tambien en los gases i en los vapores.

12. Aunque el aire es el vehículo del sonido, se propaga tambien en los *líquidos* i en los *sólidos*.

13. **En los líquidos.** Chóquense dos piedras en lo interior de un estanque, i el ruido se percibirá.

14. **En los sonidos.** Si dos personas se colocan a las estremidades de una larga viga, i la una rasca en ella con un alfiler, la otra oirá este lijero ruido con tal que tenga el oido aplicado al otro estremo del madero. Sustituyendo a la viga un largo cilindro metálico podrá sostenerse una conversacion entre dos personas a una voz casi imperceptible. Un golpe de martillo el otro observador percibirá dos: el primero con mas rapidez le será trasmitido por el metal; el segundo, con mas lentitud por el aire.

15. Finalmente, diremos que en virtud de nuevas esperiencias se ha comprobado:

1.° *El sonido se propaga en un medio elástico por una serie de ondas alternativamente condensadas i dilatadas.*

2.° *La lonjitud de una onda sonora es igual al espacio que recorre el sonido durante una vibracion del cuerpo que le produce.*

16. **Observacion.** Estas dos propiedades del sonido existen considerando la propagacion del sonido en un medio cilíndrico; pero considerando la trasmision del sonido en un espacio indefinido en todos sentidos, concluiremos que debe

propagarse al rededor del centro de conmocion por una serie de ondas condensadas i dilatadas, que en vez de desarrollarse en una direccion misma, se estenderán esféricamente al rededor del punto puesto en vibracion.

Cuando el sonido se propaga en el aire libre, la masa que hai que volver, haciéndose cada vez mayor, la velocidad impresa se debilita gradualmente, i la intensidad del sonido decrece con la distancia. Pero cuando la masa de aire que sirve de vehículo al sonido es cilíndrica, las ondas sonoras conservan siempre una misma estension, distancias i velocidades iguales; lo que M. Biot comprobó en los tubos de los acueductos de Paris sobre una columna de aire cilíndrica de 951^{m} de lonjitud. Las palabras pronunciadas en voz baja a uno de sus estremos se oian clara i distintamente en el otro estremo.

17. **Velocidad de la propagacion del sonido.** *Todos los sonidos graves o agudos se propagan con la misma velocidad en un mismo medio.*

Demostracion. En efecto, es evidente que una frase musical está sujeta a cierta medida que arregla exactamente el intervalo de los sonidos sucesivos. Si alguno de estos se propagará con mayor rapidez que los demas, a cierta distancia, la medida se destruiria i la melodía se alteraria horriblemente: sin embargo, sabemos que en un concierto esto no sucede nunca, luego es claro que los sonidos deben propagarse con una velocidad igual.

18. **Medida de la velocidad del sonido.** Siendo la velocidad de la luz, como luego veremos, de 80,000 por segundo, el instante en que se percibirá por un observador a una distancia corta un fenómeno luminoso será en el instante mismo en que aparezca. Por consiguiente, contando en un tiro de cañon el intervalo trascurrido entre la aparicion de la luz i la audicion del ruido tendremos rigurosamente el tiempo empleado por el sonido para llegar del paraje de la detonacion al oido del observador. Midiendo, pues, esta distancia, dividiéndola por el número de segundos, tendremos el espacio recorrido por el sonido en un segundo, i por consiguiente su velocidad. Las esperiencias hechas con este objeto dieron por resultado:

1.° *Que en un mismo medio, i a una misma temperatura, el sonido se propaga uniformemente.*

2.° *Que la velocidad del sonido aumenta cuando la temperatura sube.*

3.° *Que a la temperatura de 10.° centígrados el sonido recorre uniformemente 337 metros por segundo.*

Velocidad del sonido en los líquidos. Es de 1,435.^{m} por segundo, segun las esperiencias de MM. *Sturm* i *Colladon*.

Velocidad del sonido en los sólidos. Es mayor que en los líquidos, segun lo demuestran algunas condiciones teóricas.

19. **Reflexion del sonido.** Cuando los rayos sonoros hallan un obstáculo, son *reflejados* en virtud de una lei jeneral que se aplica a todos los movimientos de los cuerpos elásticos.

20. **Leyes de la reflexion del sonido.** 1.ª En un mismo plano el rayo incidente i el rayo reflejado son siempre perpendiculares a la superficie reflejante.

2.ª El ángulo de reflexion es siempre igual al ángulo de incidencia.

21. **Resonancias i ecos.** La reflexion del sonido da lugar a dos efectos: las *resonancias* i los *ecos*.

Es fácil convencerse que es imposible pronunciar 10 sílabas en un segundo, o bien una sílaba en ménos de una décima de segundo. Puesto que el sonido recorre 33^{m},7 en 0,1 de segundo, es claro que hallándose un observador a 17^{m} de distancia de un muro capaz de reflejar el sonido, si pronuncia una sílaba, tardará en ir i venir justamente el tiempo necesario para pronunciarla. Luego la sílaba reflejada llegará al oido al instante mismo en que la sílaba pronunciada dejará de oirse. Sin embargo, si el cuerpo reflejante está a menor distancia que a 17^{m} del observador, el sonido reflejado se confundirá con el directo i no podrán distinguirse: en este caso se producirá una resonancia, cuyo efecto será prolongar el sonido. Si por el contrario, es mayor que 17^{m}, ambos sonidos serán perfectamente distintos, i se formará entónces un verdadero *eco*. Sin embargo, a una distancia de 17^{m} el *eco* solo repite una sílaba, i se llama *monosílabo;* a 34^{m} dos, i se dice *bisílabo*, a 51^{m} tres, etc., i se llama polisílabo.

22. Los *ecos* se distinguen tambien en *simples* i *múltiplos*. Los primeros solo repiten una vez el sonido; los segundos los

repiten varias veces de seguida. Los *ecos múltiplos* son formados jeneralmente por dos obstáculos opuestos, como dos muros paralelos, por ejemplo, que se envian alternativamente los sonidos, como dos espejos paralelos se envian las imájenes de los objetos.

§ II. *Leyes de las vibraciones de las cuerdas. Vibracion del aire en los tubos.*

1. **Cuerdas vibrantes.—Sonómetros.** Unas cuerdas metálicas tirantes i sujetas por sus estremos, i colocadas sobre una caja rectangular hueca con una clavícula destinada a disminuir su lonjitud, son los instrumentos llamados *sonómetros*, destinados a comparar numéricamente los sonidos por medio de las *cuerdas vibrantes.*

2. **Leyes de las vibraciones de las cuerdas.** El número de vibraciones que ejecuta una cuerda en un tiempo dado, i por consecuencia el sonido correspondiente, depende de cuatro elementos, a saber: la *densidad de la cuerda*, su *diámetro*, su *tension* i su *lonjitud.*

El cálculo ha demostrado las cuatro leyes siguientes:

1.ª El número de vibraciones de dos cuerdas es proporcional a la raiz cuadrada de su densidad cuando los demas elementos son iguales.

2.ª Este mismo número es proporcional a su diámetro cuando los demas elementos son iguales en ambas cuerdas.

3.ª Este mismo número bajo iguales condiciones es proporcional al peso o fuerza que estire las dos cuerdas.

4.ª Finalmente, este mismo número es proporcional a la lonjitud de las cuerdas que tienen todos los demas elementos iguales.

Escala. Sentado esto, la lonjitud de las cuerdas para producir los diversos sonidos de la *escala natural* estará representada por los números siguientes.

Notas.	do	re	mi	fa	sol	la	si	do
Lonjitud de las cuerdas	1	$\frac{8}{9}$	$\frac{4}{5}$	$\frac{3}{4}$	$\frac{2}{3}$	$\frac{3}{5}$	$\frac{8}{15}$	$\frac{1}{2}$

I llamando 1 el número de vibraciones correspondientes al sonido fundamental *do*, tendremos:

Notas.	do	re	mi	fa	sol	la	si	do
Número de vibraciones	1	$\frac{9}{8}$	$\frac{5}{4}$	$\frac{4}{3}$	$\frac{3}{2}$	$\frac{5}{3}$	$\frac{15}{8}$	2

5. **Tones i semi-tonos.** Los intervalos de las notas sucesivas de la escala están caracterizados por las razones, i toman los nombres siguientes:

do-re	$\frac{9}{8}$	*tono mayor.*
re-mi	$\frac{10}{9}$	*tono menor.*
mi-fa	$\frac{16}{15}$	*semi-tono mayor.*
fa-sol	$\frac{9}{8}$	*tono mayor.*
sol-la	$\frac{10}{9}$	*tono menor.*
la-si	$\frac{9}{8}$	*tono mayor.*
si-do	$\frac{16}{15}$	*semi-tono mayor.*

6. *Sostenidos i bemoles.* Para *sostener* una nota, esto es, elevarla un semi-tono, es necesario multiplicar el número de vibraciones que le corresponden por $\frac{25}{24}$ i por $\frac{24}{25}$ para *bemolizarla*, esto es, para bajarla un semi-tono. Lo primero se llama un *sostenido*, lo segundo un *bemol*.

7. **Vibracion del aire.** El aire no es únicamente el vehículo del sonido, sino que puede entrar el mismo en *vibraciones sonoras*. Esto se comprueba en todos los instrumentos de viento.

Demostracion. Para demostrar que en dichos instrumentos es únicamente el aire el que se pone en vibracion, i enjendra el sonido, basta observar tubos de órganos de igual lonjitud i diámetro, pero de sustancias diferentes, como boj, metal, carton, etc., i hacerles resonar: todos dejan percibir el mismo sonido; i únicamente varia el timbre, lo que quizá sea efecto de un lijero movimiento vibratorio que se comunica a las paredes del tubo.

SEGUNDA PARTE.

1.ª SECCION.—CALORICO.

I. *Efectos jenerales. Dilatabilidad. Termómetros. Pirómetros.*

1. Llámase *calórico* la causa desconocida de las impresiones de calor i frio que esperimentan nuestros órganos.

2. **Efectos jenerales del calórico.** Este ajente, que los físicos asimilan a un fluido material, aunque irascible e imponderado, ejerce su influencia en todos los seres del reino orgánico e inorgánico. Las *combinaciones i descomposiciones químicas* dan orijen a una larga serie de fenómenos de que se ocupa la ciencia química.—La *dilatacion i cambio de estado* determinan otra serie de hechos puramente del órden físico de que vamos a ocuparnos.

3. **Dilatabilidad.** *Todos los cuerpos se dilatan, es decir, aumentan de volúmen por el calórico, i se contraen, esto es, disminuyen de volúmen por el enfriamiento.*

Demostracion. 1.º Sólidos. El *pirómetro de cuadrante* sirve para verificar esta demostracion (fig. 53). Una barra metálica AB sujeta por el estremo A, i libre por el opuesto, que toca en un brazo de palanca CO, moviéndose el COD por un cuadrante graduado. Calentando la barra, si el calor es bastante fuerte, la parte OD recorre en pocos momentos todo el cuadrante.

Líquidos. Metiendo un tubo de cristal lleno de líquido hasta cierta altura en una vasija de agua caliente, veremos subir el líquido, dilatado por el calor del agua, hasta trasbordar.

Gases. Aplicando la mano a una bola de cristal que tiene soldado un tubo, i que está lleno de aire o de otro gas con un índice de mercurio, veremos que el calor dilatando el aire arroja fuera del tubo el índice.

Temperatura. Llámase *temperatura* de un cuerpo los diversos estados calóricos que le hacen variar de volúmen sin cambiar de estado.

La temperatura de un cuerpo será mas alta o mas baja segun que haya aumento o pérdida de calor.

4. **Termómetros.** Llámanse *termómetros* unos instrumentos destinados a medir, es decir, a comparar las diversas temperaturas de los cuerpos, a apreciar sus variaciones i las de las cantidades de calor correspondiente.

5. **Principio de construccion de los termómetros.** En la dilatacion de los cuerpos por el calórico descansa el principio de la construccion de los termómetros comunes.

6. **Eleccion de los cuerpos.** Puesto que todos los cuerpos se dilatan, todos pueden servir para la construccion de los termómetros.

Pero los sólidos se dilatan mui poco, i solo pueden destinarse a apreciar grandes variaciones de temperatura. Los gases, siendo mui dilatables, solo pueden emplearse a medir variaciones mui lijeras. Los líquidos, cuya dilatabilidad está en un término medio, se emplean con preferencia.

Eleccion del líquido.—El alcohol, o el mercurio. El alcohol, porque resiste los mayores frios sin conjelarse.—El mercurio, porque se dilata mas uniformemente que los demas líquidos, porque es bastante fácil obtenerle puro, porque no se adhiere a las paredes de los instrumentos, no se conjela sino con un frio mui intenso, i no hierve sino a una alta temperatura.

7. **Termómetros de mercurio.** El *termómetro de mercurio* se compone de un tubo capilar de cristal terminado en una esferita o cilindro de mucho mayor diámetro. Este aparato está lleno de mercurio hasta cierta altura (fig. 54).

8. **Graduacion.** Para graduar este aparato es preciso partir de dos puntos fijos, esto es, de dos fenómenos que puedan reproducirse a voluntad, i que exijan siempre una misma cantidad de calórico.—Estos dos puntos se han hallado en el *hielo derretido* i el *agua hirviendo;* porque en ambos puntos la temperatura es constante, miéntras el agua subsiste en dichos estados.—El primer punto se marca con *cero.*—Para fijar el segundo se necesita tomar muchas precauciones: 1.ª *que el agua esté destilada;* 2.ª *que hierva en una vasija metálica;* 3.ª *que se opere bajo la presion normal de* 0^m, 76.—Estas tres precauciones son necesarias, porque la temperatura del agua hirviendo varia con la naturaleza de las sustancias que tiene en disolucion, con la naturaleza de la vasija en que esté contenida, i con la presion atmosférica que se ejerce en su superficie.

Colocada la esfera del tubo termométrico sobre la superficie del agua en ebullicion, el mercurio sale por el tubo, i allí donde se mantiene estacionario es el máximum de temperatura de la escala.

9. **Diversas escalas.**—1.ª **Centígrada.** El intervalo comprendido entre los dos puntos fijos se divide en 100 partes iguales, que se llaman grados del termómetro. Se prolongan las divisiones sobre 100.° i bajo cero.—Las temperaturas sobre cero se marcan con el signo +, las que están bajo cero con el signo —.

10. 2.ª **De Reaumur.** En esta escala el intervalo entre los dos puntos fijos se divide en 80 partes iguales.

11. 3.ª **De Farenheit.** Esta escala s[illegible] en Inglaterra.—El punto del *hielo derretido* corresponde al grado 32º, el del agua hirviendo está marca[illegible] y la distancia entre ambos es por consiguiente de 180 grados.

El cero es la temperatura de una mezcla de hielo [illegible] sal comun.

12. **Conversion de las escalas.** Resulta de lo dicho que 100º C. = 80 R. = 180 F., o lo que es lo mismo, 5º C. = 4º R. = 9º F. Luego para convertir en grados de *Reaumur* un cierto número de *grados centígrados* es suficiente multiplicar este número por $\frac{4}{5}$ o rebajar la quinta parte. Recíprocamente para convertir en *grados centígrados* un cierto número de *grados de Reaumur*, multiplicaremos dicho número por $\frac{5}{4}$, o le anadirémos la cuarta parte del propio número.—Para convertir un cierto número de *grados de Farenheit* en *grados centígrados*, comenzaremos por separar 32º del número de grados dados, i tomaremos los $\frac{5}{9}$ de la resta, o los $\frac{4}{9}$ si quisiésemos obtener grados de *Reaumur*.—La operacion inversa nos convertiria los *grados centígrados* o de *Reaumur* en grados de *Farenheit*.

13. **Límites del termómetro de mercurio.** El mercurio se conjela a la temperatura de 390º, i entra en ebullicion a + 360º — Por consiguiente entre estos dos límites se encierran las indicaciones de los termómetros de mercurio.

14. **Termómetros de alcohol.** El límite superior de estos termómetros es de 76º — Son absolutamente lo mismo que los de mercurio, i se gradúan comparándoles con un buen termómetro de mercurio.

15. **Termómetro de gas.** Nos ocuparemos de este aparato i de sus usos al tratar de la medida de la dilatacion de los gases.

16. **Termómetro diferencial.** Este termómetro,

inventado por *Leslie*, indica únicamente la diferencia de temperaturas.—Consiste en un tubo horizontal de cristal (fig. 55), con dos brazos verticales terminados en dos esferitas de bastante capacidad.—Una columna líquida llena el aparato hasta una misma altura en los brazos verticales.—Mientras que el aire contenido en las dos esferitas está a una misma temperatura, el nivel del líquido está en un mismo plano horizontal; pero aplicando calórico a una de las esferas, el aire se dilata i el líquido sube de nivel en el tubo opuesto.—Para graduar este aparato se marca cero en el punto de nivel horizontal de los dos brazos.—Se coloca una de las esferas en agua a 10° i la otra en agua a 0°—Se anota 10 sobre el tubo en el punto donde se detiene el índice.—Se divide el espacio entre 0° i 10° en 100 partes iguales, cada una de las cuales corresponde á 0,10 de grado del centígrado entre las temperaturas de las dos esferas.

17. **Termóscopo de Rumford.** Solo difiere del anterior en que el brazo horizontal es mucho mayor, pues contiene toda la graduacion, i en que los verticales son mui cortos.

18. **Pirómetros.** Los *pirómetros* son unos instrumentos destinados a medir aproximadamente temperaturas mui altas.

19. **Pirómetro de cuadrante.** Le hemos descrito al tratar de la dilatabilidad de los sólidos (fig. 53).

20. **Pirómetro de Wedgowod.** Es el mas usado, i

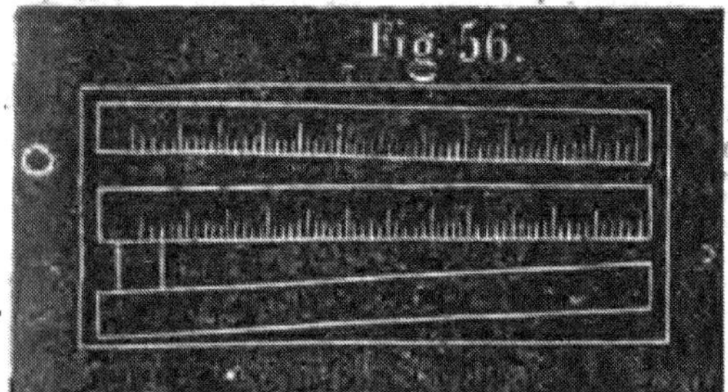

está fundado en la propiedad de la arcilla de contraerse por medio del calor. Consiste (fig. 56) en una placa de cobre á que se fijan dos barras del mismo metal lijeramente reclinadas, para que formen entre sí una especie de ranura cónica. Uno de los lados de la ranura está dividido en 240 partes iguales o grados del pirómetro. Cada cilindro de arcilla se introduce hasta cero. Para averiguar la temperatura de un horno, por ejemplo, se somete a ella un cilindro de arcilla, que se introduce luego en el pirómetro. Si se introduce, v. gr., hasta el grado 60°, esta será la temperatura del horno.

21. **Observacion.** Se admite jeneralmente que el *cero* del pirómetro corresponde a 580 del termómetro centígrado, i que cada grado del pirómetro representa 72° del mismo termómetro.

§ II. *Medida de las dilataciones.—Aplicaciones.—Densidad de los gases.*

1. **Dilatacion de los líquidos.** La esperiencia demuestra que debemos distinguir en los líquidos dos especies de dilataciones: 1.ª la dilatacion real o *absoluta*, esto es, el aumento de volúmen que adquiere la masa líquida considerada independientemente del vaso que la contiene; 2.ª la dilatacion *aparente* o sea el aumento sensible que adquiere el líquido encerrado en otro cuerpo sólido, que se dilata como él aunque en menor cantidad.

2. Llámase *coeficiente de dilatacion* el aumento que adquiere la unidad de volúmen de un cuerpo al pasar de la temperatura de *cero* a la de *un grado* del termómetro de mercurio.

3. **Dilatacion aparente de los líquidos.** Comenzaremos por la del mercurio. Segun lo ya espuesto, esta dilatacion en un tubo de cristal es siempre uniforme.—MM. Petit et Dulong han determinado por medio del *termómetro de peso* el coeficiente de la dilatacion aparente del mercurio, que es igual a la 6,480 parte de su volúmen a cero.—Por el mismo método se puede hallar el coeficiente de dilatacion aparente de todos los líquidos.

4. **Dilatacion absoluta del mercurio.** La fig. 57

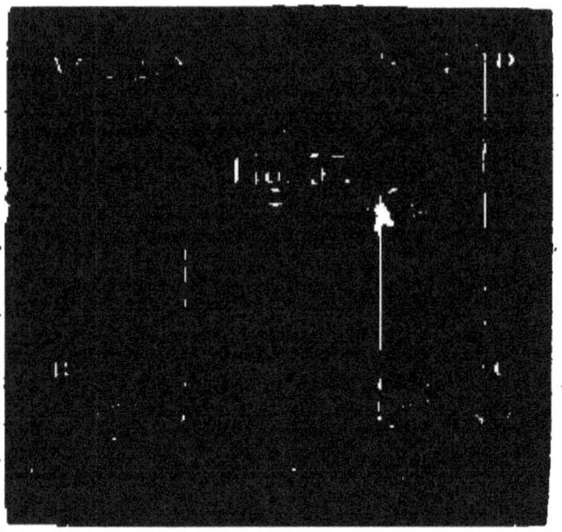

representa un aparato destinado a hallar el coeficiente de esta dilatacion.—AB i CD son dos vasos cilíndricos que comunican entre sí por el tubo horizontal BC.—Este tubo i vasos llenos de mercurio están a igual temperatura. Pero si el brazo ó tubo AB está a una temperatura t i CD a la temperatura t' el mercurio no estará en un mismo plano horizontal en ambos brazos. Observando pues por este medio la dilatacion del mercurio de 10 en 10 grados, a partir desde cero, se halló que:

1.° De 0° a 100° el mercurio se dilata *uniformemente* por cada grado centígrado en 5550° parte de su volúmen a cero.

2.° Desde 100° la dilatacion *absoluta* del mercurio deja de ser uniforme. El coeficiente de su dilatacion *media* es $\frac{1}{5425}$ entre 0° i 200°, i $\frac{1}{5300}$ entre 0° i 300°

5. **Medida de la dilatacion de otros líquidos.** La esperiencia comprueba que ningun otro líquido, esceptuando el mercurio, se dilata uniformemente, ni aun de cero a 100°

6. **Máximum de la densidad del agua.** Si tomamos una masa de agua a 100° i bajamos progresivamente su temperatura, hallaremos que hasta 4° su volúmen disminuye i su densidad aumenta. Pero pasando este límite, el agua en vez de contraerse se dilata i disminuye en densidad, de manera que a 3°, 2°, 1° i 0°, tiene sensiblemente el mismo volúmen i densidad que a 5°, 6°, 7° i 8° Luego el máximun de densidad del agua es a los 4°, escepcion notable de las leyes jenerales de dilatacion.

7. Medicion de la dilatacion de los sólidos. Distínguense en los só[illegible] li-*neal* o de lonjitud i la *cúbica* o de volúmen.

8. Observacion. Conocida la primera, [illegible] la segunda, puesto que se prueba matemáticamente que [illegible]-*ficiente de dilatacion cúbica es siempre triple del co*[illegible]-*te de dilatacion lineal.*

9. Dilatacion lineal.—Dilatacion del cr[illegible]**.** Puesto que la dilatacion absoluta del mercurio es [illegible] de 0° 100°, la del cristal lo será tambien, puesto que [illegible]-latacion aparente contenida en el tubo del termóm[illegible] tambien uniforme hasta dicho límite, i esta dilatacio[illegible]l cristal será de 38700 parte de su volúmen a cero por [illegible] grado del centígrado. Por manera que $\frac{1}{38700}$ será [illegible]-ciente de *dilatacion cúbica del cristal*, i por consi[illegible] $\frac{1}{116100}$ será su coeficiente de *dilatacion lineal.* Es decir, que una lámina de cristal al pasar de 0° a 100° se alargará en $\frac{1}{1161}$.

10. Medios de medir la dilatacion de los sólidos. Aunque seria fácil deducirla de la de los líquidos, se han inventado otros medios. Uno de ellos consiste en someter la barra cuya dilatacion se quiere estudiar a un calor capaz de dilatarla. A las estremidades de la barra se adaptan dos barrillas rectangulares que se aproximan o se alejan al mismo tiempo que la barra se contrae o se dilata, i haciendo coincidir las estremidades de las barrillas con las divisiones de una regla bien graduada, se puede medir la dilatacion de los sólidos (fig. 58). La esperiencia comprueba que estos se dilatan ménos que los líquidos i desuniformemente. Entre 0° 100°, todos los cuerpos sólidos ensayados se dilatan proporcionalmente a la temperatura avaluada en grados del termómetro de mercurio. Fuera de estos límites los coeficientes de dilatacion tienen valores sensiblemente crecientes con las temperaturas.

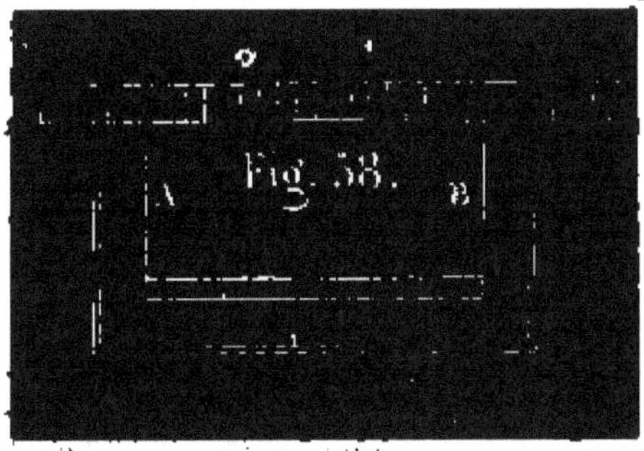

Fig. 58.

11. **Medio de medir la dilatacion de los gases.** Un tubo de cristal casi capilar terminado en una esferita, i dividido en partes iguales, es el aparato destinado al efecto (fig. 59). Por una esperiencia preliminar se gradúa a cuantas

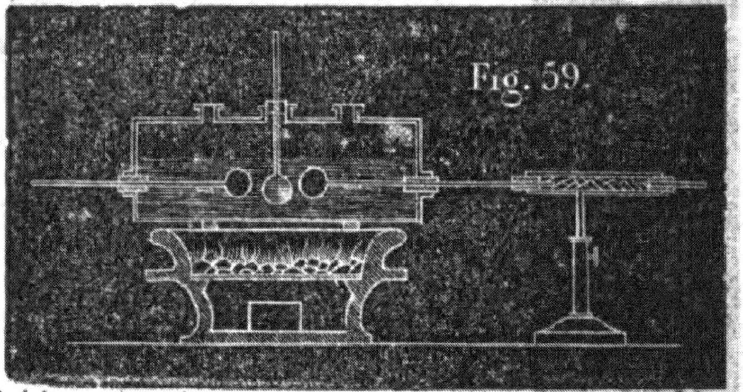

Fig. 59.

divisiones del tubo equivale la capacidad de la esfera. Llena esta i el tubo del gas cuya dilatacion se quiere estudiar, se somete a la temperatura del hielo derretido, i se mira en qué division del tubo se detiene un pequeño índice de mercurio que debe haber quedado en el tubo. Se coloca en seguida el aparato en una caja rectangular de hoja de lata, cuya pared lateral está perforada para dejar pasar el tubo. La caja está llena de agua i provista ademas de dos termómetros de mercurio. Una hornilla eleva progresivamente la temperatura del líquido. Se nota así exactamente los diversos puntos en que se detiene el índice de 5 en 5 grados, i se obtiene fácilmente los volúmenes sucesivos porque pasa la masa líquida.

12. **Leyes de Gay-Lussac sobre la dilatacion de los gases.** Operando del modo que acabamos de manifestar, M. Gay-Lussac halló las leyes siguientes:

1.ª Bajo una presion constante, el aire i todos los gases secos, simples o compuestos, se dilatan en una misma fraccion de su volúmen por una misma elevacion de temperatura.

2.ª Su dilatacion es uniforme de 0° a 100°, i cada uno de ellos, por el aumento de un grado en la temperatura, aumenta un 0,00375 de su volúmen a cero.

13. **Observacion.** Sin embargo, M. Regnault en sus nuevas esperiencias halló que el coeficiente de dilatacion del aire bajo la presion ordinaria era 0,003665.

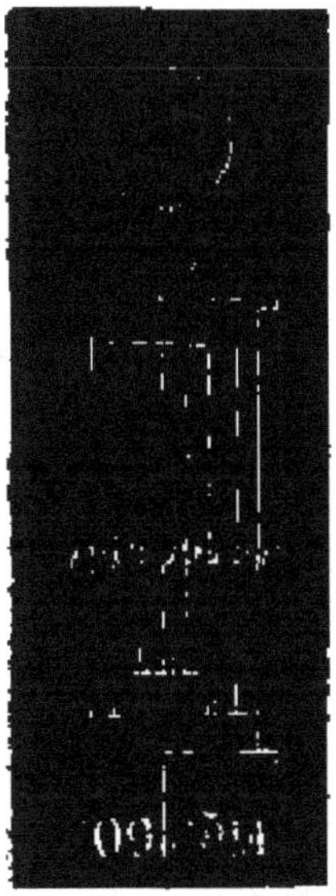

14. **Aplicaciones. 1.ª Péndulo de compensacion.** La fig. 60 representa el *péndulo compensador* mas usado. Las barrillas señaladas *f* son de hierro, las señaladas con *e* son de laton. Segun su disposicion, la dilatacion de las barrillas de hierro se efectúa de arriba abajo i las de cobre de abajo arriba, i tienden a volver a hacer subir la lenteja.

15. 2.ª **Termómetro de Breguet.** Este termómetro

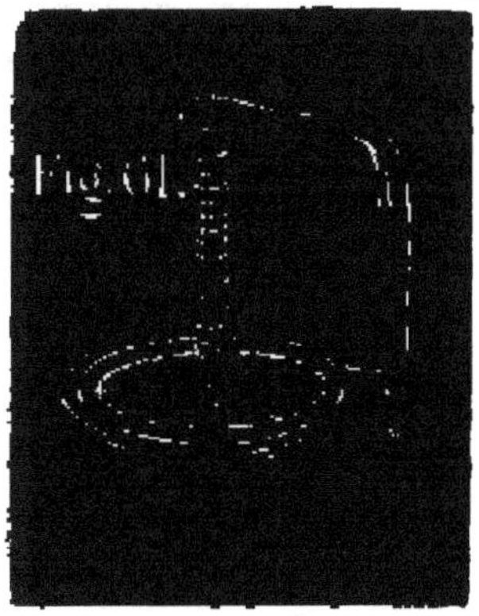

está formado de una cinta metálica compuesta de dos metales, plata i platino, soldados entre sí i contorneados en espiral. Cuando la temperatura sube, la plata dilatándose mas que el platino, todas las espirales de la hélice tienden a abrirse i desenroscarse, i la aguja jira en un sentido. Si la temperatura baja, la aguja marcha en sentido contrario.—Este termómetro se gradúa por medio de un termómetro de mercurio (fig. 61).

16. 3.ª **Termómetro de aire.** El aparato descrito en la fig. 20 es un termómetro de esta clase, i puede servir para medir temperaturas mas exactamente que el de mercurio, máxime siendo mas elevadas que 100°

17. 4.ª **Densidad de los gases.** El conocimiento de las leyes de la dilatacion era indispensable para entrar en esta nueva investigacion. En ella se toma por unidad el aire atmosférico. Se pesa primero una esfera de cristal llena de ai-

re, luego vacía, i finalmente llena del gas cuya densidad se busca.—Restando la segunda pesada de la primera se obtiene el peso del aire que llena la esfera, i restándole de la tercera se obtiene el peso de un volúmen igual de gas. Dividido el peso del aire por el del gas, hallaremos la densidad buscada. Sin embargo, es necesario ademas de otras precauciones tener en cuenta la temperatura i presion atmosférica.

18. Un litro de aire seco a la temperatura de 0° i bajo la presion de 0.m,76 pesa 1.gr, 3.

§ III. *Propagacion del calor.—Calor radiante.*

1. El calor se propaga de un cuerpo a otro de dos maneras:

1.° Cuando los cuerpos están distantes unos de otros por *radiacion*.

2.° Cuando están en contacto por *comunicacion o conductibilidad*.

2. **Radiacion.** *Un cuerpo caliente emite calor al rededor suyo i en todas direcciones.*

Demostracion. Colocando un foco de calor, una hornilla por ejemplo, vemos que en cualquier direccion en que nos pongamos a su alrededor i a cierta distancia nuestros órganos esperimentan una sensacion de calor.

3. *El calórico se trasmite tambien en el vacío.*

La esperiencia de Rumford ha comprobado esta verdad.

4. *El calor se trasmite en línea recta cuando atraviesa un medio homojéneo.*

Demostracion. Efectivamente, si en la misma línea recta que une un foco de calor con la esfera de un termómetro se interpone una pantalla opaca, el termómetro no indica ninguna elevacion de temperatura: pero si se quita la pantalla sube instantáneamente, lo que prueba lo que queríamos demostrar.

5. **Reflexion del calórico.** *Cuando un rayo calorífico cae sobre una superficie pulimentada, es reflejado en un plano normal a la superficie, formando el ángulo de reflexion igual al de incidencia.*

Demostracion. Para comprobar esta lei se colocan uno en frente de otro dos espejos esféricos (fig. 62).

Fig. 62.

MM M'M,—Si conocemos sus centros C C' conoceremos tambien sus focos, mitad de los radios AC i A'C'.—Ahora bien: colocando un cuerpo caliente (carbones encendidos por ejemplo) en F i un termómetro en F, veremos que el termómetro sube. Luego es evidente la lei propuesta. Por este medio, sustituyendo al termómetro un poco de yesca, lograríamos inflamar esta a una distancia de mas de 25 a 30 pies.

6. **Velocidad del calor radiante.** Se ha admitido jeneralmente que es igual a la de la luz, esto es, de 80,000 leguas por segundo.

7. **Leyes de la intensidad del calor radiante. Lei de Newton.** *Cuando la temperatura de un cuerpo no escede mas que en un número pequeño de grados a la del medio donde se enfria, la pérdida de calor que esperimenta en cada instante, es proporcional al esceso de su temperatura sobre la del medio que la rodea.*

8. **Reflector de Leslie.** Consiste en un espejo esférico cóncavo (fig. 63), sobre cuyo eje se coloca un cuerpo caliente, i en el punto donde los rayos emitidos por el cuerpo i reflejados por el espejo ... de las esferitas de un termómetro diferencial.

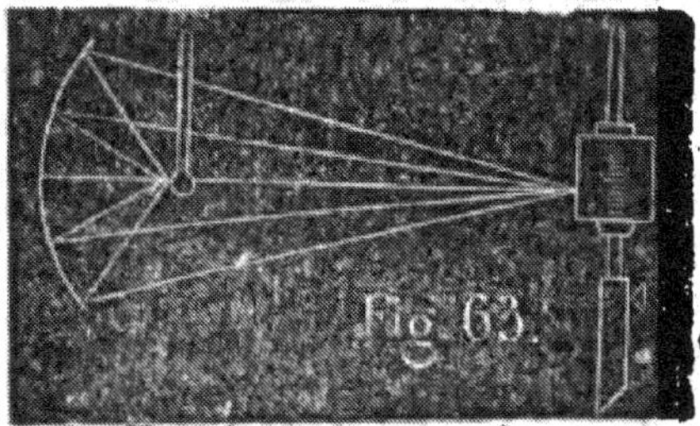
Fig. 63.

9. Este instrumento sirve para medir la enerjía del calor radiante i comprobar sus ...

10. **Leyes. 1.ª** *La intensidad del calor radiante varia en razon inversa del cuadrado de la distancia al cuerpo que le emite.*

Demostracion. Colocando sucesivamente delante del reflector de Leslie un cubo lleno de agua caliente, con temperatura constante i a distancias iguales 1, 2, 3..... el esceso de temperaturas que marca el termómetro son entre sí como los números 1, $\frac{1}{4}$, $\frac{1}{9}$, etc., lo que demuestra la lei enunciada.

11. 2.ª *La intensidad del calor radiante es proporcional a la temperatura del foco calorífico de que emana.*

Demostracion. Colocando el cubo metálico en un punto fijo, i llenándole sucesivamente de agua a la temperatura de 90°, 80°, 70°..... los esceso de temperaturas correspondientes indicadas por el termóscopo serán entre sí como los números 9, 8, 7.....

12. 3.ª *La intensidad de los rayos caloríficos varia con su inclinacion con relacion a la superficie que los emite; i esta intensidad está en su máximum cuando los rayos son perpendiculares a la superficie radiante, i decrecen medida que su oblicuidad aumenta.*

Demostracion. Presentando alternativamente al reflector la superficie plana i la convexa de un vaso semi-cilíndrico, el efecto producido seria el mismo en ambos casos. Lo que comprueba que la perpendicularidad de los rayos equivale al mayor número de estos siendo oblicuos.

13. **Observacion.** Esta lei esplica por qué los rayos solares no calientan igualmente la tierra en las diversas épocas del año i a las diferentes horas del dia.

La intensidad del calor radiante de los cuerpos depende tambien de su naturaleza i del estado de su superficie, lo que conduce a estudiar su

15. **Poder emisivo.** Llámase así la propiedad que tienen los cuerpos a temperaturas iguales de emitir al esterior una cantidad de calor mas o ménos grande, segun la naturaleza de su sustancia i el grado de pulimento de su superficie.

Demostracion. Colocando delante del reflector de Leslie un vaso de forma cúbica lleno de agua hirviendo, cuyas caras estén cubiertas de *negro-humo, cristal, cobre i estaño*, volviendo sucesivamente las caras al aparato, se observa que el termóscopo varia cada vez de temperatura.—Las caras pueden tambien platearse, dorarse, pulimentarse, despulimentarse, rayarse, etc.—El termóscopo comprobará la diferencia del poder emisivo en cada uno de los casos. Se nota asimismo que un mismo metal pulimentado, despulimentado i rayado, adquiere sucesivamente en cada uno de estos casos mayor poder emisivo.—La sustancia que en igualdad de circunstancias tiene mas desarrollada esta propiedad es el negro-humo. Representando por 100 el poder emisivo de esta sustancia, se halla para las demas los números siguientes: papel 98; cristal 90; tinta de china 88; mercurio 20; plomo 19; hierro 15; estaño, plata i cobre pulimentados 12.

16. **Efectos del calor radiante en los cuerpos que le reciben.—Poder reflectante i absorvente.** La propiedad que tienen los cuerpos de reflejar i absorver una porcion mas o ménos grande del calor que cae sobre sus superficies, constituye su poder *reflectante i absorvente.*

17. *El poder reflectante i absorvente siguen siempre un órden inverso en un mismo cuerpo.*

Demostracion. Efectivamente, si de 100 rayos caloríficos que caen sobre la superficie de un cuerpo absorve 70, reflejará 30; por manera que las cantidades de calor absorvido i reflejado son siempre complementarias.

18. **Consecuencia.** Por consiguiente, el conocimiento del poder *reflectante* conduce al conocimiento del *absorvente* i recíprocamente.

19. *La relacion entre la cantidad absorvida i reflejada varia con la naturaleza de los cuerpos i con el estado de su superficie.*

Demostracion. Alterando la superficie del espejo del aparato de Leslie podemos demostrar lo enunciado. Efectivamente si el espejo es de cobre pulimentado, apénas se calentará sensiblemente i reflejará casi del todo el calor emitido por el foco calorífico.—Si se raya la superficie del espejo se disminuirá el poder *reflectante* i se aumentará el *absorvente.* Finalmente, cubriendo con una capa de negro-humo la superficie del espejo, absorverá enteramente el calor incidente i no reflejará nada, puesto que el termóscopo no indica ninguna elevacion en la temperatura.

20. **Identidad del poder emisivo i absorvente.** *Los poderes emisivos de los cuerpos son siempre idénticos a sus poderes absorventes.*

Demostracion. Efectivamente, si un cuerpo cualquiera a la temperatura de 10° colocado en un recinto a 0° emite en un segundo, por ejemplo 5°, este mismo cuerpo a 0° colocado en un recinto a 10° absorverá en el mismo tiempo otros 5°.

21. **Trasmision del calor radiante al traves de los cuerpos.** Los cuerpos que dejan atravesar por su interior una parte del calor radiante incidente sobre ellos se denominan *diatermanes*, los que no tienen esta propiedad *atermanes*.

22. **Observaciones.** El aire i los gases son eminentemente *diatermanes*. Los líquidos no lo son tanto. Entre los sólidos, los que son trasparentes para la luz, lo son mas o ménos para el calor.

23. **Aplicaciones.** 1.ª De la teoría espuesta se deduce que, colocados varios cuerpos a temperaturas desiguales, en un mismo recinto, la radiacion mas o ménos intensa que se establecerá entre ellos constituirá una temperatura igual en todo el recinto; pero no por eso dejarán de continuar la radiacion. Este efecto se denomina *equilibrio móvil de temperatura*.

2.ª **Reflexion aparente del frio.** Este fenómeno se esplica perfectamente por la teoría del equilibrio móvil de temperatura.

Colocando dos espejos esféricos cóncavos uno frente a otro, de manera que sus ejes coincidan, i poniendo un termómetro en uno de los focos i un matraz lleno de nieve en el opuesto, se nota que el termómetro baja muchos grados. Lo que es efecto de la diferente intensidad de radiacion que se establece entre el termómetro i el matraz.

3.ª Las leyes del calor radiante tienen muchas aplicaciones no solo en varias teorías físicas, sino en los diversos usos de la vida comun. En efecto, para calentar un cuerpo procuraremos que su superficie sea escabrosa i negra, i para conservar los líquidos calientes usaremos de vasijas blancas i bien pulimentadas.—Por eso los braseros deben estar bien pulimentados, i las estufas, por el contrario, negras i poco lisas. Los vestidos en tiempo de frio deben ser blancos a la sombra i negros al sol; en verano al contrario, etc.

§ IV. *Continúa la propagacion del calor.—Conductibilidad.*

1. La facultad que tienen los cuerpos de trasmitir el calor

por su masa se llama *conductibilidad.* Examinarémos sucesivamente esta facultad en los *sólidos*, los *líquidos* i los *gases.*

2. **Conductibilidad de los sólidos.** 1.º *El calor se propaga en los cuerpos sólidos por una radiacion interior de molécula a molécula.*

Demostracion. Efectivamente, colocando una capa de barniz de una 20,000 parte de pulgada de grueso sobre una de las caras del cubo del reflector de Leslie, la cantidad de calor emitida varía; la adicion de una 2.ª, 3.ª i 4.ª capa de barniz, aumenta la radiacion. Luego es evidente, que el calor no emana solo de las capas superficiales, sino de las que están debajo. Luego hai una radiacion molecular.

3. 2.º *La radiacion molecular influye en la radiacion esterior solo hasta cierto límite.*

I en efecto, si proseguimos la esperiencia precedente hasta que la capa de barniz llegue a una milésima de pulgada de espesor, la adicion de nuevas capas no se hace ya sensible en el aparato. No por eso las moléculas interiores dejan de radiar, sino que el calórico emitido es absorvido por las capas que le rodean ántes de llegar al esterior.

4. 3.º *La intensidad de propagacion del calor en los cuerpos decrece en progresion jeométrica si las distancias de las diferentes partes del cuerpo al foco calorífico crecen en progresion aritmética.*

Demostracion. Si colocamos la estremidad de una barra metálica en un foco calorífico i la subdividimos en secciones, colocando en cada una de ellas un termómetro, verémos que las temperaturas marcadas por estas siguen una progresion jeométrica decreciente, siguiendo sus distancias al foco la progresion aritmética creciente.

5. 4.º *El poder conductor o la conductibilidad de los cuerpos varía con la naturaleza de estos.*

Demostracion. El aparato de *Ingenhouz* nos servirá al efecto. Consiste en una caja rectagular de cobre llena de agua hirviendo, en uno de cuyos lados se colocan varitas cilíndricas iguales, pero de distintas sustancias, i cubiertas de una capa de cera. Es evidente que la distancia a que se estienda la fusion de la cera estará en relacion con el poder conductor de la sustancia que reviste.

6. **Consecuencias.** De aquí la division de los cuerpos en buenos *conductores* i malos *conductores*. Los metales están en el primer caso. Los óxidos, las piedras, el mármol, la porcelana, el cristal, la lana, el carbon i especielmente la madera seca, son malos conductores.

7. **Conductibilidad de los líquidos.** 1. *El movimiento del calor en los líquidos es debido casi enteramente a las corrientes que se establecen en su masa i que mezclan todas sus partes, siendo excesivamente débil la radiacion molecular.*

Demostracion. Si consideramos una vasija de cristal llena de un líquido que solo esté en comunicacion con un foco calorífico por su parte inferior, las capas líquidas inferiores inmediatamente calentadas, se hacen ménos densas que las demas, i suben a la parte superior del líquido, formando una corriente ascendente; i las capas laterales ménos calientes, i por consiguiente mas densas, forman corrientes descendentes: por manera que todas las partículas del líquido vienen alternativamente al fondo de la vasija a recibir la impresion del calor. Estas corrientes se hacen sensibles mezclando al líquido un polvillo coloreado, cuya densidad sea igual a la suya. Estas partecillas sólidas suben i bajan con las corrientes, e indican a la vista su direccion i movimientos.

Si el líquido se calienta por la parte superior, la comunicacion del calor solo se estiende a una profundidad mui corta, lo que se comprueba colocando un termómetro horizontalmente a una profundidad cortísima del líquido que se calienta: sin embargo, esta misma esperiencia comprueba que la conductibilidad de los liquídos de capa a capa, cuando no se efectúan las corrientes, no es enteramente nula, pues el termómetro la hace sensible, aunque en cantidad mui ténue.

8. **Consecuencia.** Los líquidos son pues en jeneral malos conductores del calórico: el mercurio es el mejor conductor de todos ellos, i por eso se esperimenta una sensacion de frio al meter la mano en una vasija que le contenga.

9. **Conductibilidad de los gases.** 1.ª *Los gases se calientan i se enfrian como los líquidos por medio de corrientes que es imposible impedir.*

Demostracion. Si colocamos en una habitacion un foco calorífico, veremos establecer las mismas corrientes que en los líquidos puesto que las capas de aire en contacto con el foco se dilatan, i se hacen específicamente mas lijeras, por lo cual suben a la parte superior, desde donde bajan las mas densas a ocupar su lugar. Estas corrientes pueden hacerse sensibles por medio de termómetros, o bien observando la salida i entrada del aire en la estancia: aquella se verifica por una corriente superior que puede hacer sensible la direccion de una veleta, i esta por otra inferior cuya direccion al foco nos indicará otra veleta.

10. **Consecuencia.** Los gases son pues los cuerpos peores conductores del calor; i si se pudiese impedir la formacion de las corrientes, el calor se trasmitiria mui difícilmente por por su medio.

11. **Aplicaciones.** Un vestido de lana trasmite difícilmente el calor del cuerpo en invierno, i deja difícilmente penetrar el calor del sol en verano.—Una sarten de metal se calienta mas pronto que una de loza.—Los mangos de los útiles de cocina suelen ser de madera para evitar la trasmision del calor.—En jeneral las sustancias filamentosas, como la lana, la pluma, el coton, etc., ya por sí malas conductoras, aumentan esta propiedad con la interposicion del aire e impiden que se desperdicie al esterior el calor de los cuerpos que envuelven; lo que esplica las propiedades i usos de los forros i pieles en los paises frios. Las ventanas dobles deben a la misma causa, esto es, a la interposicion del aire, su facultad preservadora contra la pérdida del calor interior de los aposentos.—Una bola de mercurio conjelado, colocada en la mano, causa una sensacion de quemadura e inflamacion, resultados de una gran cantidad de calor que se precipita de todas partes hácia un punto tan excesivamente frio.—Por la misma razon, suelen calentarse las manos frotándolos con nieve.

§ V. *Capacidades caloríficas.*

1. La cantidad de calor que un cuerpo emite o absorve cuando sufre un cambio dado de temperatura depende de tres elementos.

1.° *Masa del cuerpo*, esto es, que una masa doble, triple... exije cantidad de calor doble, triple.

2.° *Temperatura*, esto es, que para elevar 2° la de un cuerpo se necesita mas calor que para elevarle 1°.

3.° *Capacidad calorífica*, esto es, la diferente cantidad de calor que necesitan los cuerpos de distintas naturalezas, pero de igual peso, para elevar su temperatura en un mismo número de grados.

2. **Consecuencia.** Dedúcese de estos tres principios, que si la temperatura de un cuerpo cuya masa sea *m*, la capacidad calorífica *c*, se ha elevado o bajado t^{o}, la cantidad de calor absorvida o emitida estará espresada por el producto *m. c. t.*

3. **Medida de las capacidades caloríficas de los cuerpos.—Capacidad calorífica.** Llámase *capacidad* de un cuerpo *para el calor*, o *calor específico*, la cantidad de calor necesaria para elevar en un grado la temperatura de la unidad del peso del cuerpo.

4. Se ha tomado por unidad de calor específico la del agua destilada, esto es, la cantidad de calor necesaria para elevar un grado la temperatura de un *gramo* de agua.

5. Los métodos mas sencillos para hallar el calor específico de los cuerpos son el de las *mezclas* i el de la *fusion del hielo.*

6. **Método de las mezclas.** En este método se mezclan siempre dos cuerpos a distintas temperaturas, de manera que el calor que salga del uno se emplee en el otro hasta que ambos queden con una temperatura igual. Se emplea jeneralmente el agua i un cuerpo a mayor temperatura.

En efecto, sea M la masa de agua fria; C, su capacidad; t, su temperatura.

M' la masa del cuerpo caliente, C' su capacidad i t' su temperatura.

Finalmente, sea T la temperatura de la mezcla.

Luego la temperatura del agua se habrá elevado en T—*t*, i la cantidad del calor absorvida por este líquido podrá espresarse por MC (T—t). Pero la cantidad de calor perdida por el cuerpo caliente podrá tambien espresarse por M'C' (*t'*—t). Por consiguiente tendremos la ecuacion:

$$MC\,(T-t)=M'C'\,(t'-t),\ \text{de donde}\ \frac{C'}{C}=\frac{M\,(T-t)}{M'\,(t'-t)}$$

I como el segundo miembro solo contiene cantidades conocidas por la esperiencia, será mui fácil deducir la razon $\frac{C'}{C}$; i finalmente, siendo C la unidad como suele hacerse, las capacidades de los cuerpos serán comparadas a las del agua tomada por unidad.

Efectivamente, supongamos que mezclamos una pulgada cúbica de mercurio a 100° *con otra* de agua a 0°, el resultado seria 2 pulgadas cúbicas de mezcla a 3°, *esto es*, que el mercurio pierde 97°, miéntras que el agua gana solo 3°. —Luego la capacidad del mercurio será de 3/97 o próximamente de 0,03.

7. **Método de la fusion del hielo.** Este método está fundado en la esperiencia siguiente. Si se mezcla una libra de agua a 79° con otra de hielo a 0°, se obtienen dos libras de agua a 0°. Resulta de aquí que la cantidad de calor necesaria para fundir un peso dado de hielo, es necesaria i suficiente para elevar un peso igual de agua de 0° a 79°.

Esto supuesto, si por un medio cualquiera podemos determinar la cantidad de hielo que un cuerpo podria fundir al bajar de una temperatura dada a 0°, seria fácil calcular la capacidad de este cuerpo para el calórico. En efecto: sea M el peso del cuerpo; C, su capacidad; T, su temperatura. Finalmente, sea P el peso de hielo fundido. La cantidad de calor perdida por el cuerpo será, pues, $M \times C \times T$. Pero la cantidad necesaria para fundir P libras de hielo es igual a la necesaria para elevar P libras de agua a 79° Luego tomando el calor específico del agua por unidad, el calor necesario para fundir el agua podrá espresarse por $P \times 79°$. Luego tendremos $M \times C \times T = P \times 79$, de donde $C = \frac{P \times 79°}{M \times T.}$

Solo resta determinar P por la esperiencia. Lavoisier i Laplace nos han dejado un medio en su calorímetro.

8. **Calorímetro.** Este aparato (figura 64) se compone de tres cavidades metálicas circulares i concéntricas. La mas pequeña e interior está destinada a contener los cuerpos cuyo calor específico se busca. La segunda cavidad se llena de hielo a 0°, de cuya fusion sale el agua, cuyo peso P es necesario determinar. La tercera cavidad es la mas esterior, i está tambien llena de hielo a fin de evitar que el aire esterior no contribuya tambien a la fusion del hielo de la segunda cavidad. Todo el aparato tiene una cobertera llena tambien de hielo.

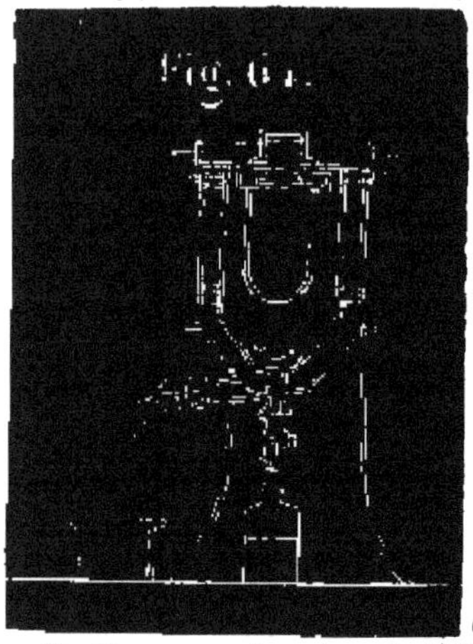

9. Las esperiencias de MM. Dulong i Petit han probado que la capacidad calorífica de un mismo cuerpo aumenta en jeneral con la temperatura; de manera que para elevar un mismo cuerpo de 100° a 150° se necesita mas calor que para elevarle a 0° a 100°.

§ VI. *Cambio de estado.*

1. El estudio del *cambio de estado de los cuerpos* comprende: 1.° el paso del estado sólido al líquido, i el paso inverso del estado líquido al sólido; 2.° la trasformacion de los líquidos en gases o vapores, i el regreso de estos a líquidos.

2. **Fusion.** Los cuerpos pueden pasar del estado sólido al líquido de dos modos; 1.° por la accion del calor; 2.° por una accion química.

3. **Fusion por el calor.** El primer efecto de la accion del calor sobre un cuerpo sólido es apartar sus moléculas i elevar su temperatura; pero si la intensidad aumenta progresivamente, llegará un momento en que las moléculas adquieran la movilidad de los líquidos, i el cuerpo se fundirá.

4. En el paso de sólidos a líquidos se observan los dos fenómenos siguientes: 1.° La fusion se verifica constantemente en un mismo cuerpo a una misma temperatura; 2.° ésta permanece siempre invariable durante todo el tiempo de la fusion.

5. **Consecuencia.** Dedúcese de aquí que el calor que el foco calorífico trasmite al cuerpo durante todo el tiempo de la fusion se emplea enteramente en producir su cambio de estado.

Este calor, insensible al termómetro, se denomina *calórico latente.*

7. **Solidificacion.** Si despues de haber liquidado un cuerpo se baja progresivamente su temperatura, la fuerza de cohesion recobra su vigor, i el cuerpo pasa de nuevo al estado sólido.

8. En el tránsito de líquidos a sólidos se observa: 1.° que la temperatura de solidificacion es jeneralmente la misma que la de fusion (1), 2.° que al volver al estado sólido, el cuerpo desprende toda la cantidad de calor latente que habia absorvido para licuarse.

9. **Pruebas del calórico latente.** Para probar que durante la fusion los cuerpos absorven calor, i le desprenden en su regreso a su estado líquido, es suficiente las dos esperiencias siguientes: 1.° colocando en una hornilla, a un mismo grado de calor, dos vasijas idénticas, provistas cada una de un termómetro, i llenas, la una de agua líquida a 0°, i la otra de hielo, se observa que el termómetro de la primera sube progresivamente, pero el de la segunda marca constantemente 0° durante todo el tiempo de la fusion. Luego es evidente que el calor absorvido por el cuerpo en fusion no eleva su temperatura. 2.° Sometiendo a una temperatura de 5° o 6° bajo cero dos vasijas, llena la una de agua pura a 0°, i la otra llena tambien de agua a la misma temperatura, pero saturada de sales para oponerse a su conjelacion, se observa que en la primera vasija el agua se conjela i el termómetro marca siempre 0° miéntras dura la conjelacion; por el contrario, el agua de la segunda permanece líquida, i el termómetro baja gradualmente. Luego es evidente que el calor que se desprende durante la conjelacion es lo que mantiene el termómetro estacionario en la primera vasija.

10. **Medida del calor latente.—Método de las mezclas.**—Este método consiste en fundir un cuerpo i

(1) Este principio está sujeto a algunas escepciones de que hablaremos luego.

mezclarle con el agua fria. En efecto, sea m el peso del cuerpo fundido i t su temperatura; m' la masa de agua fria i t' su temperatura. Llamemos T la temperatura de la mezcla.

Ahora bien: la masa de agua m' al pasar de t a T, adquiere m' (T—t'). La pérdida de calor que esperimentó el cuerpo se compone: 1.º de mc (t—T); 2.º del calor latente desprendido al solidificarse. Luego si designamos por x el calórico desprendido en cada unidad de peso del cuerpo, hallarémos que la cantidad desprendida por la masa total estará representada por mx, i tendremos la ecuacion

$$mx + mc\,(t - T) = m'\,(T - t'),\ \text{de donde}$$

$$x = \frac{m'\,(t - T) = m'\,(t - T)}{m}$$

11. Por este medio se halló el calórico de licuacion del hielo.—La medida proporcional de diez i siete observaciones mui concordantes, hechas por MM. Laprovostaye i Desains, ha dado el número 79,1, que excede en 4,1 al hallado por Lavoisier i Laplace.

12. **Retardo de conjelacion del agua.** No siempre un líquido se solidifica a la misma temperatura de su fusion. El agua es una de estas escepciones en casos dados. Efectivamente, cuando se halla perfectamente pura i libre de toda ajitacion puede bajarse a 8º, 10º i hasta 12º sin conjelarse. Pero entónces un lijero movimiento impreso a la masa líquida, o cualquier causa que altere su equilibrio, produce la conjelacion, i el termómetro sube rápidamente.

13. **Fuerza espansiva del hielo.** Cuando el agua se convierte en hielo aumenta considerablemente de volúmen, i ejerce una fuerza de espansion tal que ninguna vasija la resiste, como demuestran varias esperiencias.

14. Esta dilatacion del agua al conjelarse esplica porque los témpanos de hielo flotan a la superficie del agua.

15. **Fusion de los cuerpos por una accion química.** La afinidad química cuando se ejerce entre dos cuerpos puede producir su licuacion o fusion, i de que resulta por lo jeneral una baja de temperatura.

16. La intensidad del frio producido por la fusion recíproca del hielo i de una sal depende de varias causas: 1.º La

naturaleza de la sal. Las sales delicuescentes son las mas ventajosas. 2.ª Las cantidades relativas del hielo i sal mezcladas. Estas cantidades deben estar en tal proporcion que la fusion sea completa. 3.ª La gran divisibilidad de los dos cuerpos. La nieve caida recientemente es preferible al hielo. 4.ª La temperatura inicial de los dos cuerpos. Cuanto menor sea esta temperatura, mayor será el frio producido por la mezcla.

17. **Mezclas frigoríficas.** Partes iguales de hielo pisado o nieve i de sal comun en polvo produce una temperatura de—17°,77.—Tres partes de cloruro de calcio con dos de nieve, una de—27°,77—Si ántes de esta mezcla se baja la temperatura de estos cuerpos a—17°,77, se obtiene despues de mezclados una de—54°,44.—Una mezcla de partes iguales de nieve i ácido sulfúrico a—6°,66 da una de—51°—Enfriando estos cuerpos separadamente a—54°, se obtiene una de—68°.

§ VII. *Continúa el cambio de estado.—De los vapores.*

1. Casi todos los líquidos pueden pasar al estado de fluidos elásticos, ya espontáneamente, ya por la accion del calor. Dícese entónces que se *volatilizan* o que se trasforman en *vapores*.

2. *Los vapores son unos verdaderos gases, dotados de una fuerza elástica, que crece con la temperatura; pero se diferencian de los gases comunes en que pueden volver fácilmente al estado líquido ya disminuyendo su temperatura ya aumentando su presion.*

Demostracion. Si tomamos un tubo encorvado de dos brazos desiguales (fig. 65), i colocamos una gota de éter a la estremidad del mas corto, llenando el resto de mercurio hasta que obtengamos el mismo nivel en el mayor, observaremos al meter este aparato en un baño de agua caliente a 50° o 55°, que el éter se gasifica, i su fuerza elástica, impeliendo el mercurio del brazo corto, hará subir su nivel en el brazo mayor.—Si quitamos el tubo del baño, i le dejamos enfriar, la gota de éter volverá a su estado líquido. Finalmente, si dejamos el tubo en el baño de agua caliente i añadimos mercurio en el brazo mayor para aumen-

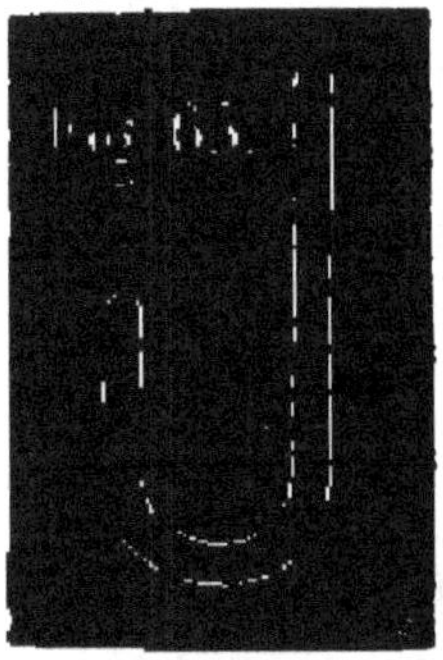

tar la presion que sufre el vapor, este volverá a su estado lí-quido.

3. *Los líquidos se trasforman en vapores espontáneamente i a cualquier temperatura.*

Demostracion. En efecto, estendiendo una corta porcion de líquido en una vasija de gran superficie, veremos que disminuye poco a poco, hasta que desaparece totalmente. Este fenómeno es tanto mas rápido, cuanto mas volátil sea el líquido, como el agua, el alcohol, el éter.... etc.

4. **Estudios de los vapores en el vacío.** *El vapor se forma instantáneamente en el vacío.*

Demostracion. Si colocamos dos barómetros en una misma cubeta, i hacemos pasar a uno de ellos algunas gotas de éter, observaremos que tan luego como este líquido haya atravesado la columna de mercurio i penetrado en el vacío barométrico, se evaporizará por lo ménos en parte, i que la fuerza elástica del vapor espontánea e instantáneamente formado hará bajar la columna mercurial (fig. 66).

5. La depresion causada por el vapor, o las diferencias de alturas del mercurio en los dos barómetros, miden la *tension* o fuerza elástica del vapor.

6. **Tension máxima del vapor a una misma temperatura.** Cuando un vapor contenido en un espacio dado a una temperatura constante está en contacto con su líquido jenerador, toma por sí mismo una *tension máxima:* si se le comprime, se licúa una parte; si se dilata, se evaporiza otra parte del líquido, de tal manera que, disminuyendo o aumentando el volúmen, la fuerza elástica i la densidad del vapor permanecen constantes.

Demostracion. Supongamos que *permaneciendo la temperatura constante*, el tubo del *barómetro de vapor* de la anterior esperiencia se introduce o levanta: en ambos casos el nivel del mercurio en el barómetro, *miéntras haya líquido que evaporar*, permanece siempre a la misma altura sobre el nivel de la cubeta, notándose ademas que el grosor de la capa líquida que produce el vapor aumenta cuando se interna el tubo, i disminuye cuando se levanta. Esperiencia que demuestra el enunciado.

7. **Definiciones.** El espacio donde está encerrado el vapor en la esperiencia anterior se dice *saturado*, puesto que contiene todo el vapor posible. Este vapor recibe el nombre de vapor de *saturacion* o de *tension máxima*.

8. **Advertencia.** Si el líquido contenido en el tubo barométrico se volatiliza totalmente, así como se agranda, el tubo se disminuye la tension, i el vapor sigue, como los gases, la lei de Mariotte. Recíprocamente comprimido el vapor, i alejado de su punto de saturacion, la tension aumenta en la misma proporcion.

9. **Tension máxima del vapor a diferentes temperaturas.—Tension máxima del vapor de agua a 0° a 100°.** Esta tension se mide por la diferencia del nivel de los dos barómetros del *aparato de Dalton*, semejante al descrito en la fig. 25.

10. *La fuerza elástica del vapor formado por un líquido cualquiera, a la temperatura de su ebullicion al aire libre, es igual a la presion atmosférica.*

Demostracion. Efectivamente, cuando el agua que rodea los tubos barométricos del aparato mencionado ha llegado a la temperatura de ebullicion del líquido que produce el vapor, esto es, a 100° para el agua, a 87° para el alcohol, a 37°, 8 para el éter..... se observa que el mercurio del barómetro del vapor se ha deprimido hasta el nivel esterior de la cubeta.

11. **Tension del vapor de agua sobre 100°** — MM. Dulong i Arago, aumentando la presion atmosférica, consiguieron medir la fuerza elástica del vapor de agua hasta veinte i cuatro atmósferas. El aparato de estos físicos consiste esencialmente en una pequeña caldera perfectamente cerrada, en la cual puede elevarse tanto como se quiera la temperatu-

ra del agua. Cada grado lo indica un termómetro, i la fuerza elástica del vapor se mide por un barómetro.

12. **Tension máxima en un espacio cuya temperatura es desigual.** *En un espacio cuya temperatura es desigual, la tension de un vapor en contacto con su líquido jenerador es igual, i la misma en todas partes a la correspondiente a la temperatura mas baja.*

Demostracion. Considerémos por ejemplo dos vasos, A i B reunidos por un tubo con su llave, el uno a la temperatura de 10°, i el otro a la de 90°, conteniendo entrambos vapor de agua i un esceso de líquido (fig. 67). La tension del vapor será de $9^{mil.}$,5 en el primero i de 525 en el segundo. Si abrimos la llave R, cesará el equilibrio: el vapor saturado a 90° irá a condensarse a su vez, i el fenómeno se reproducirá hasta tanto que el líquido B haya desaparecido totalmente, i solo quedará en este vaso vapor cuya fuerza elástica sea igual a $9^{mil.}$,5.—

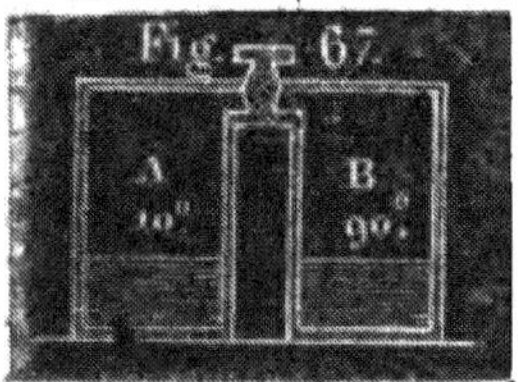

1. **Advertencia.** En cuanto precede hemos supuesto el vapor en contacto con el líquido jenerador. En el caso contrario los vapores siguen exactamente las mismas leyes que los gases.

13. **Aplicaciones del vapor.** Son jeneralmente conocidos los admirables resultados del vapor empleado como fuerza motriz. Las máquinas en las artes, los buques, los carruajes de vapor son aplicaciones felices que han dado resultados grandiosos. Desde *Heron*, que dió la primera idea del uso del vapor de agua como fuerza motriz, hasta el célebre mecánico *Watt*, se han multiplicado los inventos aplicados a las necesidades de la industria. El primer barco de vapor realmente empleado se construyó por *Fulton* en 1807 en *New-York.*

1.° **Máquinas de vapor.—Máquinas de simple efecto.** En estas máquinas (fig. 68) el cilindro B en que se mueve el piston o émbolo, comunica por la parte superior con la atmósfera, i por la inferior está en comunicacion: 1.° con la caldera A, donde se forma el vapor por medio de una llave R, i 2.° con el *condensador* C, cavidad a la cual se hace llegar contanuamente agua fria por medio de la llave R'. El tronco del piston está fijo por medio de una articulacion a un balancin que lleva a su otro estremo un contrapeso. Cuando la llave R está abierta, el cilindro está en comunicacion por su base con la caldera: el vapor a 100° que la llena impele de abajo arriba el piston con una fuerza elástica igual a la de la atmósfera, i el piston, igualmente impelido por arriba que por abajo, sube en virtud de la fuerza que le imprime el contrapeso. Al llegar a lo mas alto de su curso se cierra la llave R, i se abre la R', i el vapor del cilindro se licúa en el condensador, conservando únicamente la tension de la temperatura del agua fria, por lo cual la presion atmosférica le baja arrastrando consigo el contrapeso i vuelve a comenzar la misma serie de fenómenos descrita.

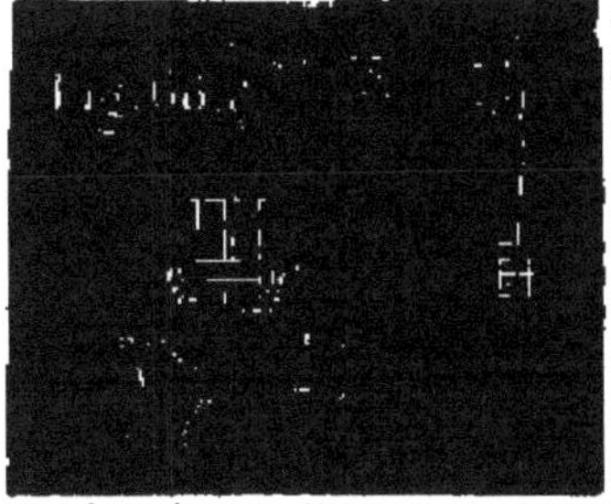

2.° **Máquinas de doble efecto.** En estas máquinas (fig. 69) la caldera i el condensador comunican por la llave doble con la parte alta i baja del cilindro. Las llaves situadas a los estremos de una misma diagonal están siempre abiertas o cerradas a un mismo tiempo. Supongamos, pues, que R_1 R_3 están abiertas: el vapor de debajo del piston tendrá una fuerza elástica correspondiente a la temperatura de la caldera, i el vapor colocado encima del piston una presion casi nula por efecto de su comunicacion con el condensador; por consiguiente el piston subirá; pero al llegar arriba, las comunicaciones se establecerán en un órden inverso, i el piston bajará, repitiéndose indistintamente la misma serie de fenómenos miéntras se reproduzcan sus causas.

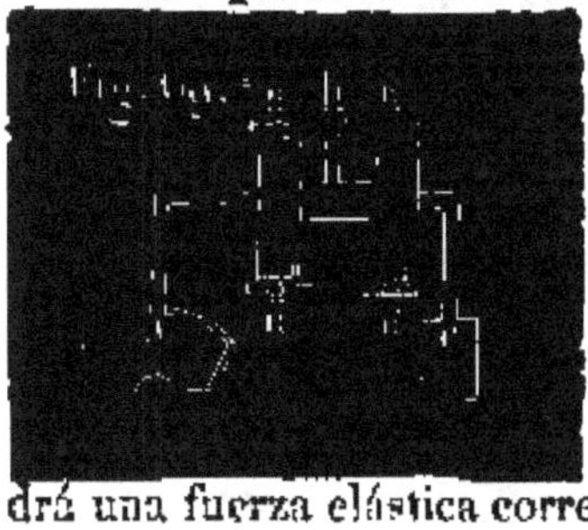

3.° **Máquinas de alta presion.** Consiste en el uso que se hace del agua a una temperatura mucho mayor que 100.°; por manera que el vapor puede producir una tension de muchas atmósferas. Jeneralmente no tienen condensador, i la comunicacion con el aire atmosférico suple por lo comun esta falta.—Tal es el principio en que descansa el efecto de estas máquinas, que para ser bien conocidas necesitan estudiarse en todo su mecanismo.

14. **Densidad de los vapores.** Para reconocer la densidad de los vapores M. Gay-Lussac ha buscado cuál era el volúmen de vapor que producia un peso dado de un líquido a temperaturas i presiones conocidas.—El aparato de que se sirvió M. Gay-Lussac no puede servir para líquidos cuya temperatura de ebullicion escede de 100° —M. Dumas ha hallado el medio de verificarlo pesando una redoma llena de aire, i luego llena de vapor, a una temperatura dada.

15. **Consecuencias.** La espresion del vapor de agua, comparado con el aire, es de 0,623. De que se deduce que un gramo de agua ocupará al vaporizarse a la temperatura 100° en un volúmen 1,700 veces mayor.

La densidad *absoluta* del vapor aumenta rápidamente con la temperatura cuando está en estado de saturacion. M. Cagniard halló que el éter sulfúrico se reducia totalmente a vapor a la temperatura de 200° en un espacio menor que el duplo de su volúmen en estado líquido, i que su vapor poseia entónces una tension de 38 atmósferas.—El alcohol, a 259°, se gasifica en un espacio triple de su volúmen, i posee una tension de 119 atmósferas.—El agua, a mas de 350° i la tension de su vapor excede entónces 200 atmósferas.

Nota. Cuantos hechos hemos examinado pertenecen a la formacion de los vapores en el vacío.

§ VIII. *Continúa el cambio de estado. De la ebullicion i de la evaporacion.*

1. **Formacion de los vapores en los gases.** Un líquido puede reducirse a vapores en el aire de dos modos distintos: 1.° formándose en todos los puntos de la masa líquida, i entónces se dice que el líquido se *evaporiza*; 2.°

formándose únicamente en la superficie líquida, i entónces se dice que el líquido se *evapora*.

2. **Ebullicion.** Cuando un líquido cambia de estado por la accion del calor, se ven formarse burbujitas de vapor en todo el interior de la masa líquida, subir i deshacerse en su superficie, mezclando todas las partes del líquido, i produciendo una especie de ajitacion mas o ménos tumultuosa, que constituye el fenómeno de la *ebullicion.*—Se observan entónces los hechos siguientes: 1.° Un termómetro colocado en el líquido indica una temperatura estacionaria durante el fenómeno; 2.° El vapor de la superficie líquida en ebullicion posee una fuerza elástica igual a la presion atmosférica que le rodea.

3. **Advertencia.** Los dos principios precedentes solo son verdaderos para las capas superiores del líquido, puesto que la temperatura i la tension aumenta en las inferiores, como es fácil de deducir.

4. Varias causas contribuyen a variar el punto de ebullicion de un líquido.

1.ª *La naturaleza del líquido.*—En efecto, el agua pura a la presion ordinaria hierve a 100°, i el mercurio a 360°.

2.ª *La naturaleza de la vasija.*—En efecto, el agua hierve mas pronto en un vaso metálico que en uno de cristal.

3.ª *Las sustancias en disolucion.*—Así el agua pura que hierva a 100° solo entra en ebullicion a 109° cuando está saturada de sal marina (1).

4.ª *La presion esterior.*—Así el agua al nivel pura del mar, bajo una presion de 760 milímetros, hierve a 100°; i en la cumbre del *Monte-Blanco,* donde la presion es de 417 milímetros, el agua hierve a 84°.

5. **Consecuencias.** Dedúcese de esta última circunstancia: 1.° que enrareciendo el aire artificialmente podrá hacerse hervir el agua a mui bajas temperaturas; i en efecto, bajo el recipiente de la máquina neumática se ha obtenido este fenómeno a 20°, 15°, 10°; i hasta a 0°—2.° que si en

(1) La causa es sencilla, la atraccion molecular que se ejerce entre las moléculas del agua i de la sal, es una nueva fuerza que se añade a la presion esterior para combatir la fuerza repulsiva del calórico i retardar el fenómeno.

vez de disminuir a la presion se aumenta, podrá elevarse considerablemente la temperatura del agua, sin que esta entre en ebullicion.

6. **Olla de Papino.** En esta última consecuencia está fundada la *olla de Papino*. Consiste en una vasija de bronce, cuya cobertura, fuertemente adherida a sus paredes por medio de tornillos de presion, tiene un orificio cerrado con una válvula.—Esta se abre cuando la tension del vapor interior es demasiado fuerte.

7. **Evaporacion.** El vapor que nace a la superficie del líquido que se volatiliza, constituye el fenómeno de la *evaporacion*.—El agua se *evapora* continuamente a la superficie de los lagos i rios: el rocío i la humedad que cubren el suelo, se disipan igualmente en la atmósfera en estado de vapor.

8. Varias circunstancias pueden influir en la actividad de la evaporacion al aire libre, a saber:

1.ª *La estension de la superficie.* En efecto, la cantidad de vapor producida en un tiempo dado, es proporcional a la superficie del líquido que se evapora.

2.ª *Tension del vapor preexistente.* Efectivamente, el aire atmosférico nunca está completamente seco, i siempre tiene una pequeña cantidad de vapor de agua; por consiguiente la fuerza elástica del vapor existente se opondrá en parte a la formacion de nuevos vapores, de manera que si el aire estuviese saturado, la evaporacion seria imposible, puesto que las fuerzas elásticas del vapor existente i del que debiese formarse serian iguales.

3.ª *La temperatura del líquido.* Puesto que el fenómeno de la evaporacion depende de la fuerza elástica del calor, aumentará con la temperatura.

4.ª *La ajitacion del aire.* Cuando el aire está ajitado, las capas de vapor que se forman son llevadas con él i la evaporacion aumenta; por el contrario, la tranquilidad del aire mantiene sobre el líquido las capas saturadas i la evaporacion es lenta.

5.ª *La electricidad.* Se ha comprobado que el estado eléctrico del líquido acelera la evaporacion.

9. **Del enfriamiento producido por la evaporacion.** En este fenómeno, estando obligado el líquido que se evapora a tomar de sí i de los cuerpos que la rodean el calor

necesario para trasformarse en vapor, es indudable que deberá producirse frio, que será tanto mas intenso, cuanto mas rápida sea la evaporacion.

10. **Aplicaciones**. Por este medio se esplica la sensacion de frio que se esperimenta al salir del baño. Cuando la evaporacion es bastante activa, el frio producido por la parte de líquido que se evaporiza es suficiente para congelar la parte que resta. Para hacer la esperiencia, basta rodear de algodones empapados en éter unas ampollitas de cristal llenas de agua, i colocarlas en el recipiente de la máquina neumática; pero al hacer el vacío el éter se evaporiza i el frio que produce conjela el agua. Los líquidos volátiles producen tanto mas frio, cuanto mas baja es la temperatura de su ebullicion. Así rociando la bola de un termómetro con ácido sulfuroso líquido que hierve a la temperatura de —10° centígrados, inmediatamente se evaporiza, i el termómetro baja rápidamente a —20°, —30°, i dentro de algunos instantes se conjela. Por manera que el frio que se produce por este medio es de —40°, puesto que el mercurio se conjela a ménos —39°.

Alcarrazas. Son unas vasijas formadas de una tierra porosa, i destinadas a refrescar el agua en el verano. Colocadas a una corriente rápida de aire, el líquido que las recubre continuamente se evapora i hace enfriar el líquido interior.

11. **Condensacion**. Llámase así el regreso del vapor al estado líquido. Se observa en este fenómeno que se desprende durante él una gran cantidad de calor. En efecto, es fácil concebir que cuando un vapor se licúa debe restituir todo el *calor latente* que habia absorvido para formarse.

12. Llámase *calórico de elasticidad* el calor latente que la unidad de peso de un líquido exije para transformarse en vapor, i la que desprende la unidad de vapor para convertirse en líquido.

Los físicos han hallado que la cantidad de calor que exije un gramo de agua para evaporizarse a la temperatura de ebullicion es capaz de elevar un peso igual de este mismo líquido de 0° a 543°, o lo que es lo mismo, elevar 543 gramos de agua de 0° a 1°.

13. **Aplicaciones**. El calor latente del vapor de agua se utiliza en muchas circunstancias. Haciendo llegar una co-

rriente de vapor a unas vasijas llenas de agua, se puede elevar esta a la temperatura de ebullicion. Las habitaciones se calientan por medio del calor que recibe el aire de los tubos donde va a condensarse el vapor, etc.

§ IX. *Mezcla de los gases i vapores.—Higrometría.—Manantiales de calor.—Hipótesis del calor.*

1. **Mezcla de gases i vapores.** *Cuando se reune en un mismo vaso un gas i un vapor que no tengan entre sí accion química, la fuerza elástica del vapor es la misma que tendria en el vacío barométrico a la misma temperatura.*

1. **Demostracion.** Verificaremos este hecho por medio del aparato de Gay-Lussac. Consiste en un ancho tubo de cristal, dividido en partes iguales i terminado por dos virolas metálicas provistas de llave (fig. 70). El cilindro AB comunica por su parte inferior con un tubo mas estrecho *ab*, dividido tambien en partes iguales i en comunicacion con la atmósfera. Lleno el aparato de mercurio, se introduce en él un poco de aire o gas seco, abriendo las llaves RR', con lo cual el mercurio corre en parte i es reemplazado por el gas. Entónces se cierran las llaves i se añade mercurio por el tubo pequeño hasta que los dos niveles estén sobre un mismo plano horizontal, a fin de que la tension del aire interior sea igual a la presion atmosférica. Se atornilla en seguida a la virola superior una llave particular provista de un embudo, que se llena de líquido, de que se hacen penetrar algunas gotas en el tubo, volviendo alternativamente la llave. Estas gotas se evaporan poco a poco. Se hará tambien correr algun líquido por la superficie del mercurio a fin de saturar los vapores.

Medir la fuerza elástica del vapor en los gases. Dispuesto así el aparato para medir la fuerza del vapor formado, se añadirá mercurio en el brazo estrecho hasta que el nivel del mercurio eñ el ancho suba al punto en que se hallaba cuando solo contenia el gas. En este caso la diferencia de nivel del mercurio en los dos tubos será la medida exacta de la tension del vapor.—Ahora bien: comparando esta tension a la que tendria el vapor del mismo líquido a la misma temperatura, se halla que hai identidad perfecta.

2. **Consecuencias:** 1.ª Cuando un espacio limitado que contiene un gas está en contacto con un líquido, se satura de vapores como si estuviese vacío, i la tension del vapor saturado es la misma que la tension máxima en el vacío a temperatura igual.

2.ª Los vapores se forman en los gases como en el vacío, con la sola diferencia que su formacion en el vacío es instantánea, i que es lenta en los fluidos elásticos.

3. **Higrometría.** El objeto de la *higrometría* es determinar la cantidad de vapor de agua esparcido en el aire a cualquier temperatura.

4. Dos casos pueden presentarse en esta determinacion: 1.° Si el aire está saturado de vapores; 2.° si no está saturado.

Este caso es el mas comun, pues el primero nunca o casi nunca se verifica.

5. **Estado higrométrico del aire.** Llámase así la relacion de la cantidad de vapor de agua que encierra el aire a una temperatura dada, a la cantidad que contendria a igual temperatura si estuviere saturado; o bien la relacion de la tension natural a la tension máxima correspondiente a la misma temperatura.

6. **Higrómetros.** Son unos aparatos destinados a dar a conocer el estado higrométrico del aire.

7. **Higrómetros de saturacion.** En este jénero de higrómetros se determina la tension del vapor contenido en el aire bajando su temperatura hasta tanto que se encuentre saturado el aire con la cantidad de vapor de agua que encierra. Esta clase de instrumentos, aunque los mas exactos, son poco usados. Los mas conocidos son los de *Julian Leroy* i *Daniel.*

8. **Higrómetros de absorcion.** Están fundados en la afinidad que tienen ciertas sustancias animales, como los cabellos con el vapor de agua, i en la facultad que poseen de

alargarse por la absorcion de la humedad i disminuir por la emision del vapor absorvido.—El mas conocido i usado de estos aparatos es el

9. **Higrómetro de Saussure.** Este aparato consiste en un *cabello* o *pelo* que se suspende por su parte superior (fig. 71) a una uñuela o palanquilla, que puede subir i bajar por medio de un tornillo, i se enrosca en sentido contrario en un hilo de seda, a que está suspendido un peso de dos o tres granos, destinado a dar al cabello una tension contínua i siempre igual. El eje de la polea tiene una aguja cuya estremidad recorre las divisiones de un cuadrante vertical. Segun que la humedad del aire aumente o disminuya, el cabello se alargará o disminuirá de lonjitud, i la polea jirando dirijirá la marcha de la aguja hácia una de las dos estremidades del cuadrante.

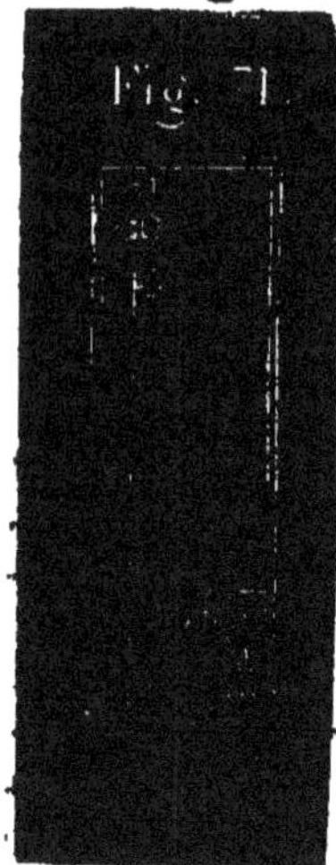

10. **Preparacion del cabello del higrómetro de Saussure.** Se hierve en una agua lijeramente alcalina, i se lava en seguida a fin de privarle de la materia crasa para que adquiera toda su lonjitud por medio de la humedad.

11. **Graduacion del higrómetro de Saussure.** Para hacer esta graduacion es necesario determinar dos puntos fijos, correspondientes a dos posiciones que toma la aguja, cuando el higrómetro se halla: 1.° en un aire perfectamente seco; 2.° en un aire saturado de humedad.

1.° **Punto de sequedad estrema.** Para determinar este punto se coloca el higrómetro bajo una campana que descansa sobre mercurio, i en la cual se hayan introducido sustancias mui delicuescentes. El cabello disminuye de lonjitud, i la aguja se dirije constantemente hácia lo seco con mas o ménos rapidez hasta que queda estacionaria. Este será el punto de sequedad máxima.

2.° **Punto de humedad estrema.** Para obtenerlo se coloca el higrómetro debajo una campana cuyas paredes estén mojadas. La aguja marcha hácia la humedad hasta que permanece estacionaria. Este es el punto de humedad máxima.

Se nota un 0° en el primer punto, un 100° en el segundo, i se divide el arco comprendido entre ambos en 100 partes iguales. Estos son los grados del higrómetro.

12. **Manantiales de calor.** Los principales son:

1.° El sol.

2° El calor propio del globo.

3.° Las corrientes eléctricas.

4. ° El cambio de estado.

5.° Las combinaciones químicas.

6.° La percusion.

7.° El frote.

8.° La compresion i dilatacion de los gases.

13. **Hipótesis acerca del calórico.** Los físicos han inventado dos sistemas acerca de la naturaleza de este ajente, cuyos efectos son tan poderosos i variados. El sistema de la *emision* i el de las *ondulaciones*.

14. **Sistema de la emision.** Segun este sistema, el calórico es un fluido material, aunque imponderable (1), cuyas moléculas, infinitamente pequeñas, son lanzadas por los cuerpos en todas direcciones con una velocidad inmensa, i que combinándose con las moléculas ponderables de la materia, en cantidades variables, determinan en ellos diferentes grados de calor.

15. **Sistema de las ondulaciones.** Este sistema está fundado en dos hipótesis: 1.ª que todo el espacio vacío, comprendiendo en él los poros de los cuerpos materiales, está lleno de un fluido eminentemente sutil e imponderable, llamado *éter*; 2.ª que las moléculas materiales de los cuerpos no están jamas en reposo, sino que oscilan continuamente sin poder nunca llegar a una posicion de equilibrio. Esto supuesto, el calórico sería el resultado del movimiento oscilatorio comunicado al *éter* por las vibraciones de las moléculas materiales.

(1) Creímos innecesario probar esta propiedad del calórico. Todas las esperiencias hechas en este sentido han dado este resultado. Citaremos aquí la de Lavoisier: tómense cantidades iguales en peso de agua i ácido sulfúrico, i mézclense estos dos líquidos en un frasco bien tapado, lo que producirá una enorme cantidad de calor. Pésense estos líquidos despues de frios; el peso será igual. Luego el calor perdido no tiene ningun peso sensible.

2.ª SECCION.—MAGNETISMO.

§ I. *De los imanes i de las sustancias magnéticas.*

1. Llámase *iman* cualquiera sustancia que goza de la propiedad de atraer el hierro i de ser atraida por él.

2. Los *imanes* o son *naturales* o *artificiales*.

3. Los imanes *naturales*, denominados en otro tiempo *piedras de iman* (1), son así calificados porque se encuentran abundantemente en la naturaleza. Están compuestos de un óxido de hierro llamado *óxido magnético* (2).

4. Los imanes *artificiales* son en jeneral barras o agujas de acero a que se han comunicado las propiedades magnéticas.

5. Damos el nombre de *magnetismo*, ya a la misma causa a que son debidas las propiedades de los imanes, ya a la reunion de los fenómenos relativos a este ajente i a las leyes que le rijen.

6. **Atraccion magnética.** La atraccion magnética del iman i del hierro se ejerce a distancia; pero decrece rápidamente cuando esta aumenta. Ejércese tambien en el vacío por medio del aire, de la madera, del carton, i en jeneral por medio de cualquier sustancia que no sea por sí misma magnética. Esperiencias obvias acreditan este aserto.

7. *Un iman no ejerce una influencia igual en todos los puntos de la superficie de un hierro.*

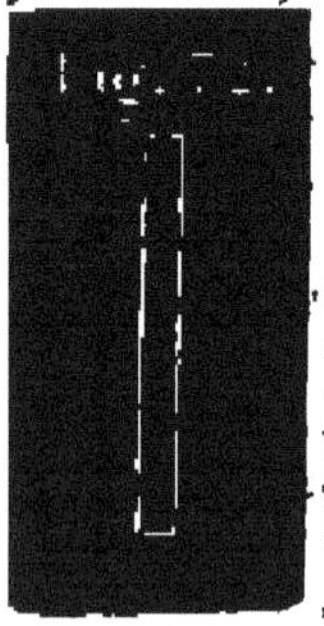

Demostracion. Haciendo rodar una barra imantada sobre unas limaduras de hierro, se observa que las limaduras rehusan adherirse a la parte media de la barra, i que lo verifican de una i otra parte de esta línea, formando filamentos erizados, que se hacen mas largos i espesos a medida que se aproximan a los dos estremos de la barra, donde se adhiere el mayor número de limaduras (fig. 72).

(1) Voz griega derivado de Magnesia, comarca de la Lidia, donde se hallaban grandes cantidades de este mineral.

(2) Oxido *ferroso-férrico*, intermedio entre el óxido ferroso i el férrico.

8. **Definiciones.** Los dos puntos estremos en que parece concentrarse la atraccion magnética se llaman *polos*; i la línea que los separa, i donde la atraccion es nula, *línea neutra*.

9. **Atraccion mutua de los polos.** *En los dos polos de un iman residen fuerzas de naturaleza contraria.*

Demostracion. Efectivamente, colocando una barra imantada por su centro de gravedad sobre un quicio vertical, propio a hacerla móvil en él, i presentando alternativamente a sus dos polos, que designaremos por A i B, el mismo polo de otro iman que tengamos en la mano, observaremos que, si por ejemplo el polo A es atraido, el B es repelido. Lo que prueba el enunciado.

10. *Los polos de un mismo nombre se repelen, los de nombre contrario se atraen.*

Demostracion. En efecto, si tomamos otro iman igualmente móvil, i designamos por las mismas letras acentuadas A' i B' los dos polos, de los cuales el primero es atraido i el segundo repelido por el polo del iman fijo, que en la esperiencia precedente atraia A i repelia B, reconoceremos la verdad del enunciado.

11. **Hipótesis de los fluidos magnéticos.** Se atribuye la causa de los fenómenos magnéticos a un fluido particular imponderable, compuesto de dos fluidos elementales que residen a la vez en un mismo iman, dominando cada uno en su polo, dominando por repulsion sobre sí mismo i por atraccion sobre el fluido contrario. Veamos por qué. Dos son las principales razones en que descansa esta hipótesis: 1.ª que el magnetismo no es inherente al iman ni a los elementos que le constituyen; i en efecto, con calentar hasta el calor rojo un iman, natural o artificial, se le priva de sus propiedades magnéticas; 2.ª que el magnetismo es imponderado, porque si se pesa una barra de acero imantada, i luego privada de esta propiedad, se obtendrá en ambos casos el mismo peso.

12. **Sustancias magnéticas.** *El magnetismo no existe únicamente en los imanes, sino tambien en las sustancias simplemente magnéticas, como el hierro.*

Demostracion. En efecto, presentando a uno de los polos de un iman un cilindrito de hierro dulce, ya en contacto, ya a distancia, se observa haberse convertido en verdadero iman bajo la influencia del primero, i no solo posee todas las cualidades magnéticas, sino que por la influencia puede trasmitirlas a un tercer cilindro, este a un cuerpo, etc., hasta que la accion por influencia haya completamente desaparecido. Resta probar que en esta esperiencia el magnetismo desarrollado en el hierro dulce no le ha sido trasmitido por la barra imantada, i efectivamente: 1.° El estado magnético desarrollado en el hierro dulce solo subsiste miéntras dura la influencia del iman que obra sobre él, 2.° la esperiencia puede renovarse un número indefinido de veces sin que el iman pierda nada de su fuerza; i 3.° el hierro dulce posee simultáneamente los dos fluidos. Todo lo que comprueba que el fluido desarrollado no ha sido trasmitido por el iman.

13. **Consecuencias.** Dedúcese pues: 1.° que el hierro en estado natural posee los dos fluidos magnéticos; 2.° que los dos fluidos magnéticos se encuentran en el hierro en estado de combinacion i de neutralizacion mutua; 3.° que bajo la influencia del polo A de un iman los dos fluidos se descomponen, el fluido B' del hierro es atraido como siendo de nombre contrario, i el fluido A' repelido; 4.° que esta descomposicion es instantánea, pero tan luego como la influencia cesa, se recomponen inmediatamente i forman fluido *neutro*.

14. **Fuerza coercitiva del acero.** Llámase así la fuerza que se opone a la separacion de los dos fluidos magnéticos i a su recomposicion una vez separados.

En efecto, en el acero templado la separacion de los dos fluidos exije, o bien fricciones repetidas, o un contacto mas o ménos prolongado con el iman; pero en compensacion, una vez que los dos fluidos magnéticos esperimentaron la descomposicion, permanecen separados indefinidamente.

15. *La descomposicion del magnetismo, sea en el acero, donde es permanente, sea en el hierro, donde es pasajera, es simplemente molecular.*

Demostracion. Efectivamente, divídase en dos una barra de acero imantada: cada mitad formará un iman completo con sus dos polos i su línea neutra; divídase aun de nuevo cada mitad, cada cuarto.... etc., los mas pequeños fragmentos conservarán siempre los dos fluidos, i los polos i la línea neutra no harán otra cosa que cambiar de lugar.

16. **Medio de distinguir un iman de una sustancia magnética.** Un iman posee dos fluidos en estado

libre, i cada uno de sus polos ejerce sobre los polos de una aguja imantada dos acciones; la una atractiva i la otra repulsiva: la sustancia magnética posee ambos fluidos, en estado neutro, i atrae indiferentemente los dos polos de una aguja magnética.

17. **Puntos consecuentes.** Sucede a veces que una barra o una aguja magnética tiene mas de una línea neutra, i por consiguiente mas de dos polos magnéticos. Dícese entónces que posee *puntos consecuentes.*

§ II. *Magnetismo terrestre.*

1. *La fuerza directiva que solicita la aguja imantada emana necesariamente de un iman fijo, que obra por atraccion sobre uno de los polos i por repulsion sobre el otro.*

Demostracion. Una aguja no imantada de cobre, madera o acero, suspendida por su centro de gravedad a un hilo sin torsion o colocada sobre un quicio, permanece en equilibrio indiferentemente en todas las posiciones. Pero una aguja imantada móvil sobre un eje vertical que pase por su centro de gravedad se detiene siempre por sí misma en una posicion fija, a la que vuelve, si de ella se le aparta, por una série de oscilaciones.—Lo que demuestra el enunciado.

2. **Esperiencias i consecuencias.** 1.ª Se ha observado ademas que en nuestros climas, uno de los polos se dirije siempre hácia el norte i el otro siempre hácia el sur; por manera que si se hace jirar la aguja hasta que los polos cambien de lugar, describirá una semi-circunferencia para recobrar su primera posicion de equilibrio, el único estable i que puede conservar.

2.ª Todas las esperiencias hechas comprueban que la direccion de la aguja imantada es un hecho jeneral, que no es efecto de una causa local, que tiene lugar en todos los puntos de la superficie terrestre, i en todas las distancias conocidas del centro del globo.

3.ª **Magnetismo terrestre.** De las observaciones hechas con la aguja imantada en una multitud de parajes diferentes, i a distintas latitudes, en virtud de las esperiencias precedentes, se ha llegado a reconocer *que el poder magnético que obra sobre la aguja imantada reside en el mismo globo* *terrestre*; i que por consiguiente la *tierra puede asimilarse á un vasto iman natural, cuya línea neutra está colocada en las rejiones ecuatoriales, i cuyos polos ó centros de la accion magnética están próximos a los polos de rotacion.*

3. Definiciones. El fluido magnético que domina en el polo norte de la tierra, i el punto donde parece concentrada su accion, se llama *fluido magnético boreal, i el polo magnético boreal de la tierra.*—El fluido i el polo magnético opuestos toman el nombre de *fluido i polo magnético ceaustral.*—Los fluidos i los dos polos magnéticos de los imanes se denominan tambien, el uno *polo i fluido boreal* i el otro *austral.*

4. Consecuencia. I como los polos de un mismo nombre se repelen, i los de nombre contrario se atraen, es consiguiente que el polo de una aguja imantada que mira al norte debe contener *fluido austral* i el polo que mira al sur *fluido boreal.*

5. De la declinacion. La direccion de la aguja imantada, móvil de un eje vertical, no coincide exactamente con el *meridiano astronómico.*

6. Definiciones. Llámase *meridiano magnético* de un lugar el plano vertical que pasa por la direccion de la aguja imantada móvil al rededor de un eje vertical, o lo que es lo mismo, por los polos magnéticos del globo.

7. Declinacion magnética. Llámase así el ángulo formado por los planos de los meridianos magnéticos i astronómicos: es decir, el ángulo que hace la direccion de la aguja imantada con el meridiano.

8. La declinacion se llama *occidental* cuando el polo austral de la aguja pasa al oeste del meridiano, i *oriental* cuando al este.

9. Brújula de declinacion. Llámase así cualquier aparato destinado a medir la declinacion. Consiste en una aguja magnética mediano, móvil sobre un quicio vertical, i cuyos estremos se mueven al rededor de un cuadrante graduado, que permite calcular el ángulo formado por la direccion de la aguja con el meridiano del lugar.

10. *La declinacion magnética varía con las latitudes.*

Demostracion. En efecto, trasladando una brújula de declinacion a diferentes latitudes, se ha observado que la aguja se coloca ya hácia el occidente, ya hácia el oriente del meridiano, i que a veces coincide con él.

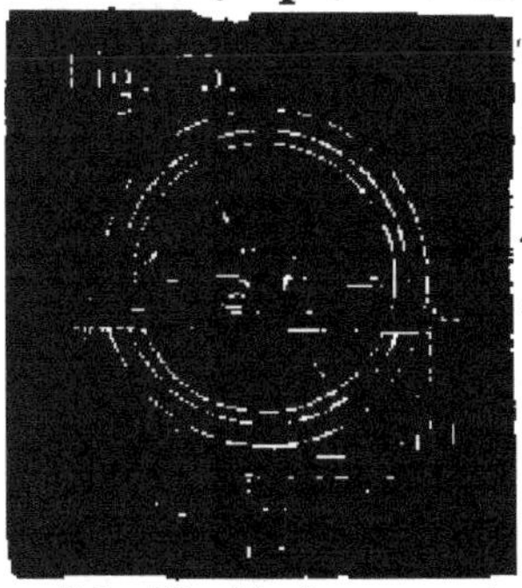

11. **De la inclinacion magnética.—Brújula de inclinacion.** Llámase así todo aparato destinado a medir la inclinacion magnética. Consta de una aguja móvil sobre un eje horizontal por su centro de gravedad (fig. 73).

12. Entiéndese por *inclinacion magnética* el ángulo menor que forma la aguja magnética con el horizonte.

13. *La inclinacion varía con las latitudes.*

Demostracion. Efectivamente, imajinemos que damos la vuelta a la tierra siguiendo un mismo meridiano con una brújula de inclinacion. Al llegar al polo magnético boreal de la tierra, la aguja se mantendrá vertical mirando a la tierra su polo austral; que caminando hácia el ecuador continuará inclinado sobre el horizonte, pero irá levantándose progresivamente hasta llegar al ecuador, donde la aguja se colocará en una posicion perfectamente horizontal. Pasando esta línea i caminando hácia el polo magnético austral, observaremos una serie de fenómenos iguales con el polo boreal de la aguja.

14. **Ecuador magnético.** Llámase *ecuador magnético* línea contínua producida por la union de los diferentes puntos ecuatoriales en que la brújula de inclinacion se mantiene horizontal.

15. **Variaciones de la aguja imantada.** *La aguja de declinacion varía de posicion en un mismo lugar.*

Comprobacion.—1.° Variaciones seculares. En 1580 la declinacion en París era en 11° 30' al oriente. En 1663 la direccion de la aguja coincidia con el meridiano. Desde entónces la declinacion ha sido siempre occidental, i fué en aumento hasta 1819, llegando a 22° 29'.—En la actualidad parece vuelve lentamente hácia el este.

Consecuencia. *Dedúcese de aquí que la aguja ejecuta*

al rededor del meridiano oscilaciones cuyo tamaño es desconocido, i cuya duracion, igualmente indeterminada, comprende siglos.

2.º **Variaciones diurnas.** La aguja esperimenta tambien variaciones diurnas. Efectivamente, estacionaria durante la noche, marcha hácia el oeste desde la salida del sol hasta las 3 de la tarde, i vuelve entónces hácia el este hasta las 9, 10 u 11 de la noche. La estension de estas escursiones varía. El máximo tamaño medio es de 13 a 15 minutos, i tiene lugar de abril a setiembre. El mínimo es de 8 a 10, i desde octubre a marzo.—El tamaño de las variaciones diurnas aumenta hácia el norte i disminuye hácia el ecuador magnético; i estas escursiones se ejecutan en sentido inverso en el hemisferio austral.

Consecuencia. De las observaciones indicadas acerca de las variaciones seculares i diurnas, se deduce, *que en el ecuador magnético hai un doble movimiento de oscilacion, uno diurno i de poca estension, otro mucho mayor, i cuyo período comprende varios siglos.*

3.º **Perturbaciones.** Llámanse así las variaciones accidentales que esperimenta la aguja magnética. Son causas que las motivan las auroras boreales, los terremotos, las erupciones volcánicas, i especialmente la caida del rayo.

16. *La aguja de inclinacion varía tambien de posicion en un mismo lugar.*

Comprobacion. Aunque estas variaciones han sido poco estudiadas, es indudable que en París la inclinacion ha disminuido progresivamente desde 1671.

§. III. *Medida de la intensidad magnética del globo i los imanes.—Lei de las acciones magnéticas.—Aguja estática.—Procedimientos de imantacion.*

1. **Punto de aplicacion, direccion e intensidad de la fuerza magnética terrestre.** *La fuerza magnética terrestre sobre una aguja imantada:* 1.º *Está representada por un par de fuerzas;* 2.º *estas dos fuerzas no pueden estar en equilibrio sino cuando su direccion coincide con el eje magnético de la aguja;* 3.º *estas dos fuerzas están situadas en el plano del meridiano magnético i son paralelas*

a la aguja de inclinacion, puesto que dan a esta i a la declinacion una direccion fija.

Demostracion. En efecto, concibamos (fig. 74) una

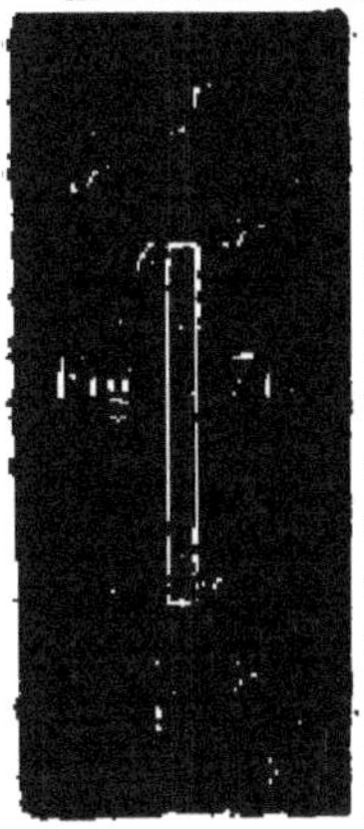

aguja imantada que pueda jirar libremente al rededor de su centro de gravedad. Todas las líneas tiradas desde uno de los polos magnéticos del globo a las diferentes moléculas de la aguja pueden considerarse como paralelas, puesto que están a una distancia casi infinita. Esto supuesto, el polo ejercerá sobre todos los elementos del fluido austral de la aguja *fuerzas atractivas paralelas*, cuya resultante f será igual a su suma, i aplicada a un punto a que será su centro. El mismo polo boreal del globo ejercerá sobre todos los elementos del fluido boreal de la aguja *fuerzas repulsivas paralelas*, cuya resultante f será igual a su suma, i aplicada al punto b de la aguja. Del mismo modo hallaríamos que la accion del polo austral de la tierra sobre la aguja se compondría de dos fuerzas paralelas iguales i contrarias f i f', la una repulsiva aplicada al punto a, i la otra atractiva aplicada al punto b de la aguja. I segun el paralelógramo de las fuerzas obtendremos dos resultados finales F i —F, que serán necesariamente paralelas, iguales i contrarias: luego constituirán *un par*. Los demas enunciados se deducen de este como consecuencias.

2. **Medida de la intensidad magnética del globo.** Una aguja de inclinacion o de declinacion, apartada de su posicion de equilibrio, oscilará como un péndulo en virtud de una fuerza, que estará en razon compuesta de la intensidad magnética de la aguja i de la tierra. Si suponemos la primera constante, las oscilaciones solo varian con la segunda i conforme a esta lei. *La intensidad de las fuerzas que producen los movimientos del péndulo son proporcionales a los cuadrados del número de oscilaciones efectuadas en el mismo tiempo.* Luego podremos medir la intensidad magnética del globo ya con el auxilio de una aguja de inclinacion o de declinacion. Solo espondremos el primero de estos medios.

3. **Medida de la intensidad por las oscilaciones de la aguja de inclinacion.** Si hacemos oscilar

una aguja de inclinacion en el plano del meridiano magnético, la fuerza magnética terrestre obrará con toda su intensidad, i designando por n el número de oscilaciones efectuadas en un tiempo dado, cuando la intensidad magnética terrestre es m, i por n' el número correspondiente a una intensidad magnética diferente m', tendremos $\frac{m}{m'} = \frac{n^2}{n'^2}$.

4. **Resultados.** Trasportando a diversos parajes una aguja magnética, haciéndola oscilar, se ha hallado:

1.° Que la intensidad magnética mínima de la tierra tiene lugar en el ecuador magnético, i aumenta progresivamente hasta los polos magnéticos, en cuyo punto es doble del ecuador.

2.° Que la intensidad magnética decrece sensiblemente en un mismo punto a medida que uno se eleva sobre la superficie terrestre.

3.° Que en un mismo punto la intensidad magnética sufre variaciones sensibles i a veces rápidas.

5. **Intensidad magnética de las barras imantadas.** Para medir la intensidad magnética de las barras imantadas pueden emplearse dos métodos: 1.° el de las oscilaciones; 2.° el de la balanza de torsion. Solo espondremos el primero.

6. **Método de las oscilaciones.** Supondremos la barra imantada de un hilo de seda sin torsion. Se hará oscilar bajo la influencia terrestre, i hará n oscilaciones en el tiempo t. Se hará oscilar de nuevo cuando su intensidad magnética ha variado, i hará n' oscilaciones en el mismo tiempo. Si la intensidad magnética del globo no ha variado, las intensidades del iman móvil F i F' serán entre sí como los cuadrados de n i n' es decir $\frac{F}{F'} = \frac{n^2}{n'^2}$

7. **Lei de las acciones magnéticas.** *Las atracciones i repulsiones magnéticas están en razon inversa del cuadrado de las distancias.*

8. Coulomb ha demostrado esta lei por dos métodos, a saber: el de las *oscilaciones* i el de la *balanza de torsion.*

9. **Distribucion del magnetismo en la superficie terrestre.** Tres elementos caracterizan el magnetis-

mo terrestre en cada punto: la *declinacion*, la *inclinacion* i la *intensidad*. Observando coordinadamente estos tres elementos en una multitud de puntos, se llega a conocer la distribucion del magnetismo en la superficie terrestre, es decir, la determinacion : 1.° de las líneas de igual declinacion o *isógonas* i en particular de las *curvas sin declinacion* ; 2.° de las líneas de igual inclinacion o *isoclíneas*, i en particular de la *curva sin inclinacion* o *ecuador magnético;* 3.° de la slíneas de igual intensidad o *isodinámicas* ; 4.° de los *meridianos magnéticos* i 5.° de los *polos magnéticos* superficiales, asi como de los centros de accion interiores del globo (1).

10. **Agujas estáticas.** Llámanse así las agujas magnéticas que, conservando su movilidad no tienen empero una posicion fija de equilibrio, por haberlas privado en parte o en su totalidad de la influencia magnética del globo.

11. Hai varios medios de hacer estáticas las agujas: solo espondremos el siguiente:

Medio de hacer estática una aguja. Supongamos una aguja móvil al rededor de un eje paralelo a la inclinacion magnética. Las dos fuerzas del par terrestre siendo paralelas al eje de rotacion en todas las posiciones de la aguja, tenderán únicamente a romper este eje, serán destruidas por su resistencia, i no podrán ejercer sobre la aguja ninguna fuerza directiva. Luego será perfectamente estática.

12. **Procedimientos de imantacion.** Se conocen varios : pero los principales son el de simple i doble contacto, el de Dukamel i el de Æpinus.

13. **Método de simple contacto.** El procedimiento mas sencillo para imantar a saturacion una aguja lijera o una barrita de acero consiste en deslizar sobre toda su lonjitud el polo de un fuerte iman, i repetir varias veces en el mismo sentido las fricciones (fig. 75).

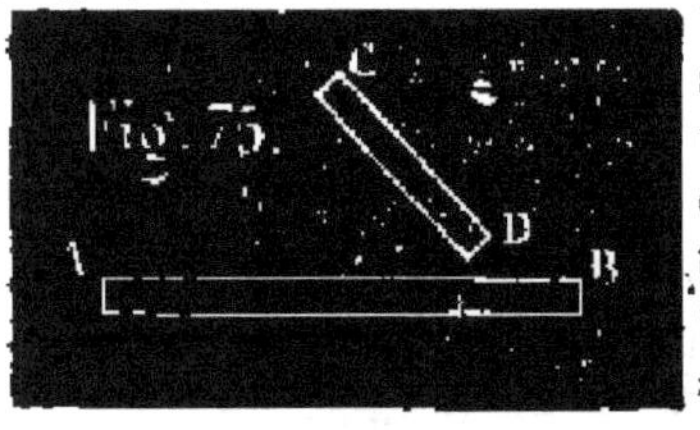

(1) MM. Duperrey, Sabine, Barlow... han construido cartas que representan estos diversos elementos; pero estos trabajos solo pueden ser útiles para la época, porque las diversas curvas magnéticas varían con el tiempo, i siguen una lei desconocida aun.

14. **Método de doble contacto.** Se reunen en el centro de la aguja que se quiere imantar los dos polos contrarios de dos imanes de igual fuerza, i se hacen deslizar simultáneamente cada uno hácia su polo, cuya operacion se repite diversas veces (fig. 76).

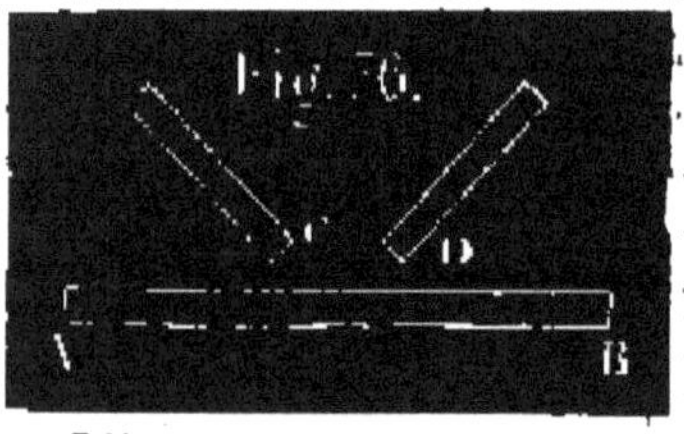

15. **Método de Duhamel.** Es una modificacion del anterior i el mejor para imantar agujas de brújula. Consiste en hacer descansar los dos estremos de la barra o aguja que se desea imantar sobre los polos contrarios de dos imanes fijos, colocados en frente uno de otro i en la misma línea recta. Se practican en seguida las fricciones como en el método de doble contacto, cuidando que el ángulo formado por los imanes del frote sea de 29° sobre el horizonte.

16. **Método de Æpinus.** Todo como en el caso anterior, con la única diferencia que el ángulo formado será de 15° a 16°, i las fricciones partirán desde un estremo i terminarán en el otro, volviendo a repetirlas varias veces del mismo modo. Este método es el mas enérjico.

17. **Hacecillos magnéticos.** Son unos imanes artificiales mui poderosos, formados por la reunion de varias barritas de acero delgadas e imantadas a saturacion.

18. **Armaduras.** Son unas piezas de hierro dulce que se ponen en contacto con los polos de los imanes, ya para conservar su poder magnético, ya para aumentarle.

3.ª SECCION.—ELECTRICIDAD.

§. 1. *Electricidad desarrollada por el frote.—Hipótesis de los dos fluidos eléctricos.*

1. Hai ciertas sustancias, como el vidrio, el lacre, el ambar, el azufre....que cuando se les frota con un pedazo de lana o piel de gato adquieren la propiedad de atraer los cuerpecillos lijeros, como pedazos de papel, las barbas de las plumas, hojas metálicas...Esta propiedad ha sido observada por la vez primera en el ambar amarillo, llamado *electron* en griego, i de aqui el nombre de *electricidad*.

9

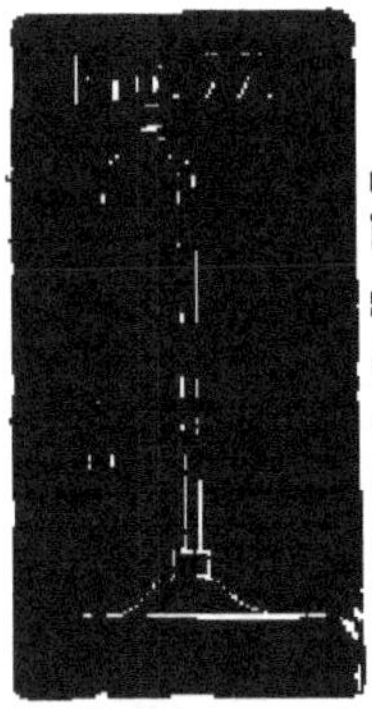

Comprobacion. El péndulo eléctrico ofrece uno de los medios mas sencillos de comprobar que un cuerpo se electriza con el frote. Consiste en una bolita de corazon de sauco suspendida a la estremidad de un hilo mui fino: por poco que un cuerpo esté electrizado, si se presenta al péndulo, atraerá hácia sí la bolita de sauco, apartándola de su posicion de equilibrio (fig. 77).

2. **Otros fenómenos.** Ademas del fenómeno de atraccion, se observa al frotar un pedazo de ámbar con una piel de gato o lana: 1.º Que aproximando la mano o la cara a la superficie del cuerpo electrizado, se siente en la piel una sensacion lijera, análoga a la producida por una tela de araña; 2.º se percibe un olor fosfórico; 3.º si se le toca con el dedo o con una bala metálica, se siente un chirrido de una débil chispa; 4.º en la oscuridad se observa un resplandor azulado seguir el frotador por todos los puntos por que se pasea sobre el cuerpo que se electriza.

3. **Cuerpos buenos i malos conductores.** La propiedad que tienen algunos cuerpos de trasmitir la virtud eléctrica, i de electrizarse en toda su estension luego que están puestos en contacto con un solo punto por un cuerpo ya electrizado, se llama *conductibilidad eléctrica.*

4. Los metales i demas cuerpos que no pueden electrizarse directamente por el frote, aunque sí poseen en alto grado la propiedad de la conductibilidad, se llaman *buenos conductores.*

La resina, el ámbar, el vidrio, las piedras preciosas i demas cuerpos que se electrizan por el frote directo se llaman *malos conductores.*

5. **Depósito comun.** Cuando un cuerpo conductor electrizado se pone en contacto con una esfera metálica, se nota que las propiedades eléctricas del cuerpo se debilitan tanto mas cuanto mayor sea el volúmen de la esfera. De manera que si el volúmen de la esfera fuese infinitamente grande con relacion al del cuerpo electrizado con el cual estu-

viese puesto en contacto, todos los signos de electricidad desaparecerian de repente. Esto es justamente lo que sucede cuando un cuerpo electrizado está en comunicacion con la tierra, porque el glóbo terrestre está compuesto de sustancias que conducen bastante bien la electricidad, i porque su volúmen es inmenso.—Por esta razon llaman a la tierra en las teorías eléctricas *depósito comun*.

Cuerpos aisladores. Para que un cuerpo conductor conserve su electricidad es necesario que esté separado de la tierra por medio de un cuerpo mal conductor. Entónces se dice que el cuerpo está *aislado*, i el cuerpo que le sirve de sustentáculo se llama *aislador*.

7. 1.° *Existen dos electricidades de diversa natulaleza.*

2.° *Dos cuerpos cargados de una misma electricidad se repelen; i cuerpos aislados cargados de electricidad contraria se atraen.*

Demostracion. Consideremos dos péndulos aislados: A i B. Si despues de haber frotado un tubo de cristal con lana se aproxima al péndulo A, la bola de sauco será atraida, i la atraccion persistirá miéntras no haya contacto entre la bola i el tubo electrizado; pero así que la bola i el tubo se toquen, la atraccion se cambiará en una vivísima repulsion. Luego la bola A es repelida por el tubo de cristal que ha comunicado su electricidad. Del mismo modo si se presenta a la bola del péndulo B un cilindro de resina frotada con una piel de gato se repetirá el fenómeno precedente. Sin embargo, si al péndulo A, electrizado por el vidrio i repelido por él, se presenta el cilindro de resina electrizado, será atraido vivamente. Del mismo modo, si al péudulo B, electrizado por la resina i repelido por ella, se presenta el tubo de vidrio electrizado, habrá tambien una gran atraccion. Todos los demas cuerpos electrizados de cualquier manera atraen tambien uno de los péndulos i repelen otro. Luego es evidente lo enunciado.

8. **Definiciones.** La electricidad que se desarrolla en el vidrio cuando se frota con la lana se denomina *electricidad vítrea* o *positiva*: la que se desarrolla en la resina cuando se la frota con la lana o con una piel de gato se llama *electricidad resinosa* o *negativa*.

9. **Lei de la electrizacion por el frote.** *Siem-*

pre que dos cuerpos de cualquier naturaleza que sean, aislados, siendo preciso, se electrizan por su frote múluo, adquieren el uno electricidad positiva, i el otro negativa, pero en cantidad igual.

Demostracion. Para demostrar este hecho, que no tiene excepcion, se toman dos discos aislados de metal o de otra cualquier sustancia, se frotan el uno con el otro i se separan rápidamente. Presentándoles luego sucesivamente a un péndulo aislado, cargado por ejemplo de electricidad vítrea, se observa que siempre uno de dichos cuerpos repele el péndulo, i otro le atrae. Luego es evidente el enunciado.

10. **Observacion.** Las circunstancias que determinan la especie de electricidad de que un cuerpo se carga varian en sumo grado, i dependen en jeneral: 1.° *De la naturaleza de los cuerpos.* En efecto, el vidrio i la resina frotados con lana adquieren el uno electricidad positiva, i la otra negativa. 2.° *Del grado de pulimento.* Frotando un tubo de cristal pulimentado con otro por pulimentar, el primero se electriza positivamente, i el segundo negativamente. 3.° *Del sentido de las fricciones.* En efecto, de dos pedazos de una misma cinta de seda, frotados en cruz, el que es frotado trasversalmente adquiere fluido negativo, i el que lo es lonjitudinalmente fluido positivo. 4.° *De la temperatura:* de dos cuerpos idénticos a diferente temperatura frotados entre sí, el que tiene mayor temperatura adquiere fluido positivo i el otro negativo.

11. **Hipótesis de los dos fluidos eléctricos.** Varias han sido las hipótesis inventadas para esplicar los fenómenos eléctricos. Solo mencionaremos la de *Simmer*, que es la jeneralmente admitida, i se deduce naturalmente de los hechos i observaciones espuestas. De ella en efecto resulta la hipótesis teórica siguiente:

1.° La *electricidad* puede asimilarse a un fluido imponderado que se desliza fácilmente por la superficie de ciertos cuerpos, miéntras que otros oponen una resistencia mas o ménos directa a su movimiento.

2. Deben existir dos flúidos eléctricos, el uno positivo i el otro negativo, que obran cada uno por repulsion sobre sus propias moléculas i por atraccion sobre las del otro.

3.° Todos los cuerpos poseen en cantidad igual o indefinida

los dos flúidos cléctricos en estado de combinacion ó de neutralizacion mutua. Esta combinacion de los dos flúidos toma el nombre de *flúido natural* o *neutro*.

4.° La electricidad de dos cuerpos en estado *natural* cuando se les frota es el resultado de la separacion de los dos flúidos, que se reparten entónces desigualmente entre los dos cuerpos: el que posee en mayor grado flúido positivo, se electriza positivamente; aquel en que domina el negativo negativamente, i su doble electrizacion, es siempre simultánea.

12. **Causas de la descomposicion del flúido natural.** La mas notable es el *frote;* pero la descomposicion se logra tambien por la *presion*, el *calor*, i las *acciones químicas*.

13. La electricidad desarrollada por el frote, i que forma en la superficie de los cuerpos electrizados una capa mas o ménos gruesa en estado de *tension* i de reposo, se llama electricidad *estática*, por oposicion a la electricidad de las pilas voltaicas que producen sus notables efectos en estado de movimiento, por lo cuál se denomina electricidad *dinámica*.

§. II. *Lei de las atracciones i repulsiones eléctricas.—Distribucion de la electricidad en la superficie de los cuerpos.*

1. **Lei de las atracciones i repulsiones.** Estas leyes se demuestran por medio de la balanza de Coulomb.

2. **Descripcion la balanza de Coulomb.** La balanza eléctrica de torsion se compone de una gran caja de vidrio (fig. 78), cuya cubierta es tambien un platillo de vidrio con dos agujeros. El uno, cerca de la circunferencia, sirve para introducir una bola metálica aislada; el otro, en el centro, tiene encima un tubo de vidrio vertical, en cuyo eje está suspendido un hilo metálico mui fino, sujeto por su parte superior a una palanquilla que forma parte de un tambor metálico, que está embutido en otro tambor fijo sobre el cual

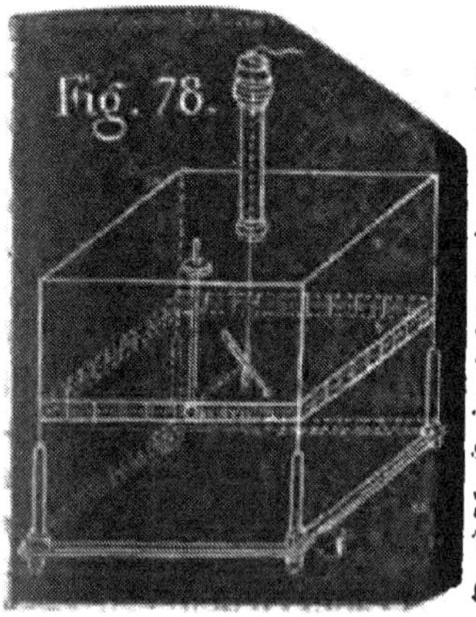

puede jirar, i que se halla graduado en un limbo superior. El primero lleva consigo una señal que sirve para contar los grados de rotacion. En la parte inferior del hilo metálico, i en medio de la caja de cristal, está suspendida una palanca horizontal de goma laca, cuya estremidad lleva un pequeño disco de bricho o papel dorado.—Finalmente, en las paredes laterales de la caja están trazadas las divisiones angulares, en el plano horizontal que contiene el centro del disco de bricho, i el centro de la bola metálica, i cuyos dos puntos deben hallarse a la misma distancia del hilo metálico que constituye el centro de rotacion.

3. 1.ª **Lei.** *La fuerza repulsiva de dos cuerpos electrizados esta en razon inversa del cuadrado de la distancia que les separa.*

Demostracion. Colocando el tambor móvil de la balanza de manera que, hallándose el hilo metálico sin torsion, la palanca horizontal esté dirijida hácia el cero de la division, i su disco de bricho en contacto con la bola metálica, cuyo centro debe tambien corresponder al cero, se electriza la bola i el disco de bricho participando de su electricidad, es repelido i toma una posicion nueva, en equilibrio con la fuerza repulsiva i de torsion, en cuyo caso ambas fuerzas serán iguales. Pero siendo la de torsion proporcional al ángulo de torsion, podremos medir por este la repulsion. En efecto, figurémonos que el disco se detiene a la division 36° — La repulsion eléctrica estará representada por este número.—Haciendo ahora jirar el disco superior, coloquemos el disco de bricho sucesivamente en frente de las divisiones 18° i 9° — Las distancias de la bola al disco serán entónces 1, $\frac{1}{2}$, $\frac{1}{4}$.—En cualquiera de estas posiciones de equilibrio, la fuerza de repulsion i la de torsion serán iguales. Pero esta se compone evidentemente del ángulo 18° o 9°, mas el número de grados que haya sido necesario para hacer jirar el tambor móvil. Ahora bien: Coulomb halló que para la segunda posicion del disco fueron necesarios 126° i para la tercera 567° — Por manera que las distancias del disco a la bola, siendo sucesivamente 1, $\frac{1}{2}$, $\frac{1}{4}$, las torsiones del hilo i las fuerzas repulsivas correspondientes fueron entre sí como los números 36, 18+126=144, 9+567=576, o lo que es lo mismo, como los números 1, 4, 16. Lo que demuestra la primera lei enunciada.

4. 2.º *Las acciones eléctricas estan en razon directa de las cantidades de electricidad de los dos cuerpos que obran uno sobre otro.*

Demostracion. En efecto, si cuando el disco de bricho está repelido a 18º de distancia de la bola metálica, tocamos esta en otra, exactamente igual i en estado natural, la electricidad se distribuirá por mitad en ambas, i conoceremos que la fuerza repulsiva se ha hecho dos veces menor: pues para mantener el disco a los mismos 18º es necesario disminuir en una mitad la torsion total.

5. *La presion del aire esterior es únicamente lo que retiene en los cuerpos conductores la capa superficial de electricidad.*

Demostracion. En efecto, en el vacío la electricidad sobre los cuerpos conductores se disipa instantáneamente.

6. **Distribucion del fluido eléctrico sobre los cuerpos conductores.—1.er principio.** *Cuando un cuerpo conductor está electrizado, el fluido eléctrico libre que posee, obedeciendo a la fuerza repulsiva que sus moléculas ejercen unas sobre otras, abandona el interior del cuerpo, i forma una capa superficial de un pequeño espesor.*

Demostracion. En efecto, si se toca una bola maciza de metal electrizado con una bola igual, la primera pierde la mitad de su electricidad.—Si se toca la bola metálica con otra del mismo radio, pero hueca, o con otra de cristal igual i cubierta únicamente con una hojilla de oro, la division de la electricidad por mitad se efectúa exactamente lo mismo que en el primer caso.—Luego es evidente el principio sentado.

7. 2.º **Principio.—Distribucion de la electricidad en un cuerpo esférico.** *El espesor de la capa eléctrica en un cuerpo esférico conductor i aislado, es igual en todos los puntos de su superficie.*

Demostracion. Efectivamente, siendo todo simétrico al rededor del centro no hai razon para que el fluido eléctrico se acumule con desigualdad.—Un pequeño disco de papel dorado colocado a la estremidad de una aguja de goma laca, quita, tocándole tanjencialmente al cuerpo electrizado i levantándole perpendicularmente, una cantidad igual de electricidad en todos sus puntos.

8. **3.er principio.—Distribucion de la electricidad en un elipsoide** (fig 31). *El espesor de la capa eléctrica en un elipsoide conductor i aislado es mínimo en los estremos del eje menor, i aumenta partiendo desde esta seccion media hasta los estremos del eje mayor, donde es su máximo.*

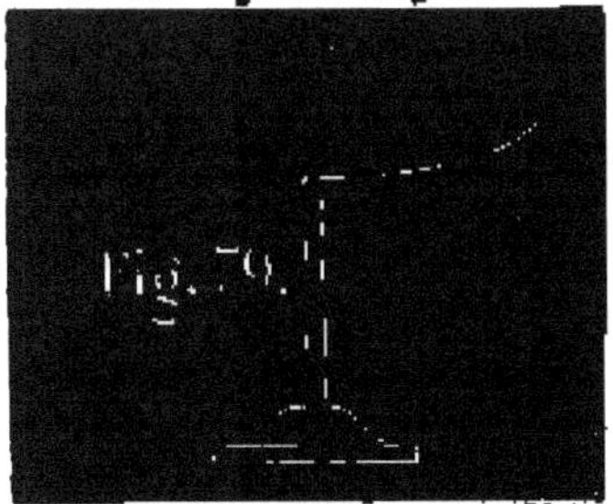

Demostracion. Efectivamente, tocando con el disco de la esperiencia anterior varios puntos de su elipsoide electrizado, se obtiene en cada contacto una cantidad de electricidad proporcional al espesor eléctrico del punto tocado, cuya proporcion sigue la lei del principio sentado.

9. **Consecuencia.—Poder de las puntas.** Un cuerpo conductor cónico puede considerarse como el polo de un elipsoide mui prolongado, resultando por consecuencia de la estension del tercer principio sentado que el espesor de la capa eléctrica en el vértice del cono debe ser infinitamente grande; como la resistencia del aire que únicamente retiene el fluido eléctrico es sumamente pequeña, la electricidad abandonará el cuerpo, siempre que la tension eléctrica supere la presion del aire.—Concíbese tambien fácilmente que en la estremidad de una punta metálica electrizada la tension eléctrica debe tener siempre la ventaja, i el fluido se disipará enteramente; lo que así comprueba la esperiencia.—Por consiguiente, un cuerpo terminado en punta, o cuya superficie presente varias prominencias salientes i aguzadas, no conservará la menor señal de electricidad. Por eso las puntas impiden que las máquinas eléctricas se carguen, pues dejan salir el fluido a medida que se desarrolla. En la oscuridad la salida del fluido presenta a la vista el aspecto de un bonito *penacho luminoso* cuando el fluido es positivo, i de *un punto brillante* siendo negativo.—Poniendo la mano delante de la punta a cierta distancia, se esperimenta sobre la piel la sensacion de un lijero soplo.—Franklin hizo una feliz aplicacion del *poder de las puntas*, de que luego hablaremos.

§. III. *Electricidad por influencia.*

1. *Un cuerpo electrizado descompone por influencia el flúido neutro de un cuerpo conductor colocado a cierta distancia.*

Demostracion. (fig. 80.) Electrícese un cuerpo cualquiera, colóquese a cierta distancia de un cilindro metálico aislado i en cuyos estremoslleve dós bolitas de corazon de sauco suspendidas en unos apéndices verticales, i se observará que los pendulitos se apartan de los apéndices de que están pendientes miéntras el cuerpo electrizado tenga accion sobre el cilindro.

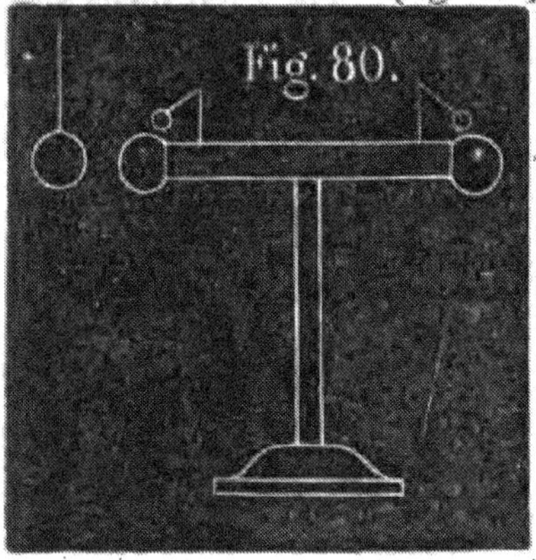

2. *La descomposicion por influencia tiene un límite: la distancia a que este fenómeno puede tener lugar se llama* ESFERA DE ACTIVIDAD *del cuerpo electrizado.*

Demostracion. Efectivamente, a medida que el cilindro metálico se separe del cuerpo electrizado, la diverjencia de los péndulos decrece poco a poco hasta que llega a un punto a cuya distancia los péndulos se caen verticalmente, i cesan todos los signos de electricidad.

3. *En la descomposicion por influencia el cuerpo electrizado al descomponer el flúido natural del cuerpo conductor colocado bajo su esfera de actividad, atrae a la parte mas próxima el flúido de nombre contrario, i repele a la opuesta el del mismo nombre.*

Demostracion. Efectivamente, si electrizamos, por ejemplo *positivamente* un cuerpo, i colocamos bajo su esfera de actividad el cilindro aislado de que hicimos mencion en las esperiencias anteriores, notaremos que la parte del cilindro mas próxima al cuerpo electrizado está cargada de electricidad *negativa*, puesto que la bolita de sauco es repelida por una barrita de resina electrizada *negativamente*, i que la estremidad opuesta del cilindro esta cargada de electricidad *positiva* porque la bolita de este lado es tambien repelida por un tubo de cristal electrizado *positivamente*.

4. *Cuando la influencia del cuerpo electrizado cesa sobre el cuerpo conductor, ya por salir de su esfera de actividad, ya por la descarga súbita del cuerpo electrizado, los dos flúidos, momentáneamente separados en el cuerpo conductor, se recomponen i forman flúido natural. En el primer caso la recomposicion es lenta, en el segundo instantánea.*

Demostracion. En efecto, separando poco a poco el cilindro metálico, las bolitas van desmostrando del mismo modo la recomposicion del flúido, que puede comprobarse ademas por el aumento progresivamente de la linea neutra, que va creciendo siempre en anchura. Si se descarga el cuerpo electrizado haciéndole comunicar con el *depósito comun*, las bolitas de sauco toman de repente la posicion vertical, i demuestran así la recomposicion instantánea de los dos flúidos.

5. *Si un cuerpo conductor sometido a la influencia de un cuerpo electrizado se pone en comunicacion con el depósito comun, llegará a adquirir únicamente un flúido eléctrico contrario al del cuerpo cuya influencia sufre.*

Demostracion. Efectivamente, supongamos el cilindro da las esperiencias precedentes, sea cual fuere la parte que de él toquemos, es decir, la anterior, la media, o la posterior; observaremos siempre que el péndulo mas distante del cuerpo electrizado baja instantáneamente a su posicion vertical i el péndulo mas próximo se coloca en una posicion horizontal. Ensayando luego la especie de electricidad que permanece en el cilindro, se ve siempre que es de *nombre contrario* a la del cuerpo de que ha sufrido la influencia.

6. **Comunicacion de la electricidad.—Chispa eléctrica.** *Dentro de la esfera de actividad de un cuerpo electrizado, que descompone por influencia el flúido natural de un cuerpo conductor aislado, hai otra distancia llamada* DISTANCIA ESPLOSIVA, *en la cual los dos flúidos de nombre contrario acomulados en demasía vencen con su tension la resistencia del aire, i se unen por medio de una chispa eléctrica mas o ménos viva acompañada de un chasquido particular.*

Demostracion. En efecto, aproximemos mas i mas el cilindro metálico del cuerpo electrizado cuya influencia sufre, i veremos comprobado por la esperiencia la proposicion sentada.

7. **Aplicaciones de la electricidad por influencia.—Máquina eléctrica.** La máquina eléctrica (fig. 81 m) se compone de un disco de vidrio, que se hace jirar por medio de una manuvrio al rededor de un eje que pasa por su centro. En su rotacion se frota contra dos pares de cojines de cuero llenos de cerda, i fijos a los dos estremos de un mismo diámetro, i se desarrolla en él la electricidad positiva, que se acumula en el conductor de la máquina.— Este conductor se compone jeneralmente de dos cilindros huecos de laton sostenidos por dos piés de vidrio aisladores, i cubiertos de un barniz de goma laca.—Estos dos cilindros, que comunican entre sí, estan terminados por dos cabos en forma de herradura, que abrazan de cada lado toda la anchura del disco que electriza el frote de los cojines: estos dos cabos estan jeneralmente armados de puntas metálicas colocadas enfrente del disco.—Entónces la electricidad positiva, desarrollada en este, descompone por influencia el flúido natural del conductor, repele el flúido positivo, i atrae el negativo, que acumulándose en las puntas, vence la resistencia del aire i se lanza sobre el disco, neutralizando en él el flúido positivo que el movimiento de rotacion desarrolla.—Los cojines deben comunicar por medio de una cadena metálica con el depósito comun a fin de que el flúido negativo no se acumule en ellos i desminuya el poder descomponente del frote.

Fig. 81.

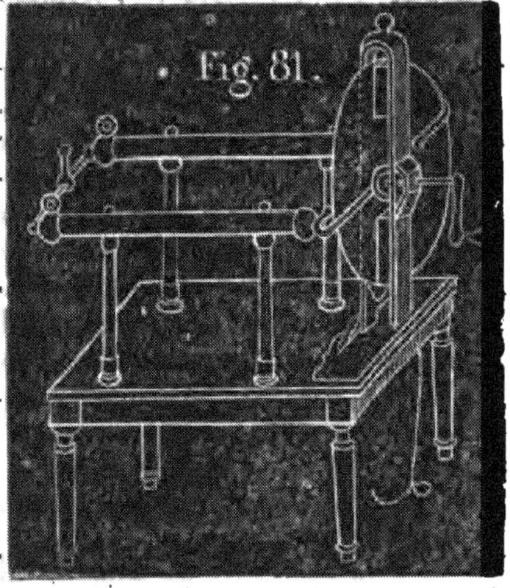

8. Para aumentar el poder de la máquina conviene frotar los cojines con *oro musivo* (deuto sulfuro de estaño), o con una amalgama de zinc i estaño, i cubrir el disco en sus dos mitades con tafetan engomado.

9. **Efectos de la máquina.** Presentando a cierta dis-

tancia del conductor de la máquina que acabamos de describir un cuerpo metálico en comunicacion con el depósito comun, se sacan *chispas* mui vivas, i hasta verdaderas *láminas de fuego*.—Las esperiencias del *campanario eléctrico, granizo eléctrico*....etc., pueden comprobarse con esta máquina.

10. **Eléctróforo.** Este aparato ha sido imajinado por Volta. Compónese de una *torta de resina* (fig. 82). derretida en un molde de metal donde despues del enfriamiento queda formada.—Sobre su superficie se coloca un disco metálico sostenido por un mango de cristal, cuyo diámetro debe ser algo menor que el de la torta. Para cargar el electróforo se electriza la torta de resina frotándola con una piel de gato. Si se coloca entónces sobre ella el disco metálico, la no conductibilidad de la resina se opondrá a que su electricidad se trasmita al metal; pero descompondrá por influencia su flúido natural, atraerá el flúido positivo a la cara inferior, rechazará el negativo a la superior, que tocada con el dedo se perderá en el depósito comun, i el disco se cargará de electricidad positiva.—Separándole i aproximándole el dedo, se sacarán de él chispas bastante vivas.—Este instrumento se emplea a menudo en la química.

11. **Electróscopos.** Llámanse así ciertos instrumentos destinados a comprobar la existencia de una pequeña porcion de electricidad sobre un cuerpo i la naturaleza de aquella.

Estos aparatos se componen de un frasco de cristal, en cuya parte superior está colocado un conductor metálico, terminado por la parte esterior por una bola, i por la interior en dos ganchitos móviles, de los cuales se suspenden dos pajas a dos bolas de corazon de sauco. Tambien suelen terminar interiormente en una palanqueta a cuyos dos estremos se suspenden dos *hojas de oro*, que caen paralelamente en el interior de la campana.

12. **Uso del electróscopo.** Se acerca a su boton el cuerpo electrizado, que descomponiendo por influencia el flúido natural del conductor, el flúido del mismo nombre, rechazado a las *pajillas*, *bolitas de sauco* u *hojillas de oro*, se separan entre sí tanto mas cuanto mayor es la intensidad de la electricidad que se lo comunica.—Para saber la clase de

electricidad de que está dotado un cuerpo, es necesario cargar ántes el conductor de una electricidad conocida: ensayando luego el cuerpo electrizado, si este posee la misma especie de electricidad del aparato, las *pajillas, bolitas* u *hojillas* se separarán mas; si la electricidad es distinta, tendrá lugar el fenómeno inverso.

§ IV. *De la electricidad latente o disimulada.*

1. Si dos discos conductores separados por una lámina no conductora de cristal reciben, el uno electricidad positiva i el otro negativa, estas dos electricidades se atraerán por medio de la lámina no conductora i ocuparán la cara de los dos discos que tocan la lámina: la electricidad colocada en este estado se llama *latente* o *disimulada*, porque no es percibida por los instrumentos en cada uno de los discos.

Si uno de los discos se pone únicamente en contacto con un manantial eléctrico se cargará de electricidad, i descompondrá por influencia una parte del fluido natural del disco opuesto; la electricidad así producida será tambien *latente* o *disimulada*, esto es, no se percibirá.

2. **Condensadores.** Llámase así los instrumentos destinados a acumular la electricidad disimulada. Consisten jeneralmente en dos discos conductores separados por otro no conductor.

3. **Teoría del condensador.** Supongamos el conductor de una máquina eléctrica en contacto con el disco C de un condensador (fig. 83): este disco se cargará de electricidad positiva, descompondrá por influencia parte del fluido natural del disco C', repelerá al depósito comun el fluido positivo, i atraerá el negativo, que a su vez hará latente parte del fluido positivo del disco C, que podrá recibir del conductor de la máquina otra porcion de electricidad; pero esta renovará la misma serie de fenómenos en el diseo C', que ejercerá de nuevo la accion sobre C, aumentándose así sucesivamente fluidos contrarios en ambos discos.

Fig. 83.

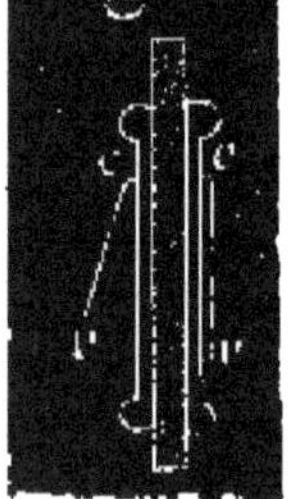

4. **Descarga del condensador.** El condensador puede descargarse *lenta* o *instantáneamente.*

5. **Descarga lenta.** Aunque la electricidad de ambos discos es *latente* o *disimulada*, es decir, que no da señales de su existencia, el disco que comunica con el conductor de la máquina posee siempre un exceso de electricidad libre: tocando, pues, este disco, se obtendrá una chispa.—Entónces el disco opuesto dejará libre una parte de su electricidad disimulada, i aplicando a él la mano sacaremos otra chispa, pudiendo así por una serie alternada de estas descargar *lentamente* ambos discos.

6. **Descarga instantánea.** La obtendremos tocando a la de ambos discos con las manos o con otro cuerpo conductor, con lo cual se reunirán instantáneamente ambos flúidos. Al efecto puede emplearse el

7. **Escitador.** Especie de compás metálico, cuyos brazos terminan en unas esferitas, i están provistos cada uno de su mango formado por un mal conductor.

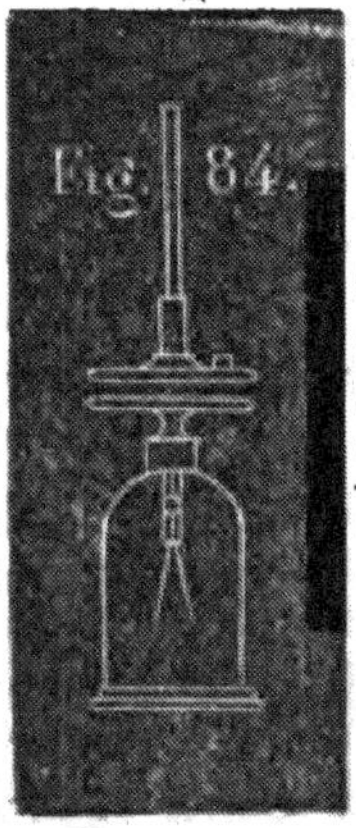

8. **Electrómetro condensador.** Consiste en un electróscopo comun de hojillas de oro, i terminado por su parte esterior en un disco de metal horizontal cubierto con una lijerísima capa de barniz de goma laca. Sobre este disco se coloca otro disco de igual diámetro, aislado por un mango de cristal (fig. 84).

9. **Uso del electrómetro condensador.** Tócase el disco inferior con el dedo, i se pone luego en contacto con el disco superior, sobre el cuál se coloca el cuerpo cuya estado eléctrico se quiere comprobar.

10. **Botella de Leyde.** Es un mero condensador, en el cuál la lámina de cristal es curva en vez de ser plana. Consiste en una botella de vidrio delgado, cubierta esteriormente con una hoja de estaño, llamada *armadura esterior,* i que se estiende hasta cierta distancia del cuello, cuya parte escedente está cubierta con una capa de barniz de goma laca. La parte interior de la botella está llena de hojas de oro o bricho, que forman la *armadura interior.* Una barilla metálica encorvada a manera de gancho, i terminada en un botoncito esférico, está sellada en el tapon que cierra la boca i comunica con la armadura interior (fig. 85*s*).

11. **Teoría de la botella de Leyde.** Es idéntico a la del condensador, pues las dos armaduras equivalen a los dos discos i las paredes de la botella al disco de cristal intermedio.

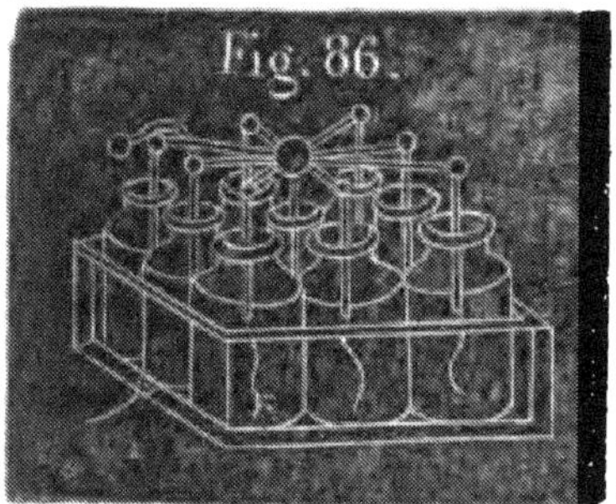

12. **Batería eléctrica** (fig. 86t). Llámase así una reunion de botellas de Leyde que se comunican entre sí: su armadura interior por medio de las barillas metálicas, i su armadura esterior por medio de una lámina de estaño que cnbre el fondo de la caja donde estan colocadas las botellas.

13. **Teoría de la batería eléctrica.** Igual a la de la botella de Leyde, puesto que la batería es un mero condensador de gran superficie.

14. **Velocidad de la electricidad.** Segun las esperiencias de M. Weatstone, es de mas de 446,400,000 metros por segundo (1).

15. **Efectos de la chispa eléctrica.** Pueden dividirse en tres clases: *fisiolójicos, físicos* i *químicos.*

16. 1.° **Efectos fisiolójicos.** Cuando una persona

(1) Los límites de esta obra no nos permiten mencionar el procedimiento injenioso que sirvió a M. Waststone para resolver este problema.

presenta la juntura de un dedo al conductor electrizado de una máquina, saca una chispa que le hace esperimentar una conmocion mas o ménos viva acompañada de una sensacion de picazon. Colocado un hombre en un banquillo con pies de cristal, i puesto en comunicacion con el conductor de la máquina eléctrica, todo el cuerpo se electriza, los cabellos se erizan i dejan salir la electricidad como todos los cuerpos terminados en punta, i todas las partes del cuerpo despiden chispas aproximándoles sustancias conductoras. La conmocion que se siente al descargar la botella de Leyde, cuando se tiene cojida la armadura esterior con una mano i se toca con la otra el boton que comunica con la esterior, es mucho mas fuerte que la de las máquinas. Si varias personas forman la *cadena* i tocan las de los dos estremos cada una su armadura. todas esperimentan simultáneamente la conmocion. Finalmente, la producida por la descarga de una batería eléctrica es siempre peligrosa i suficiente para matar varios animales; i multiplicando las botellas podria hacerse bastante fuerte para dar la muerte a un hombre.

17. 2.° Efectos físicos. Los efectos físicos de la chispa eléctrica pueden clasificarse en *caloríficos, mecánicos* i *luminosos.*

1.° **Efectos caloríficos.** Citaremos entre ellos la inflamacion del éter, del alcohol i de la resina. La detonacion de una mezcla de gas hidrójeno i de oxíjeno. La volatilizacion de hilos metálicos mui finos. Un tubo de seda cubierto de oro o de plata permanece intacto, aunque los metales que le cubren se quemen i desaparezcan.

2.° **Efectos mecánicos.** La espansion súbita del aire, la ruptura de las sustancias no conductoras que se oponen a la recomposicion de los flúidos. La traslacion i trasporte de varias sustancias. Unas placas metálicas que sufren la descarga de una batería, presentan manchas mui curiosas formadas de varios anillos concéntricos de diversos matices.

3.° **Efectos luminosos.** Son mui variados, i se observan en el vacío i en el aire libre.

1.° **En el vacío.** La esperiencia del *huevo eléctrico,* que consiste en un vaso de cristal de forma ovoidea, cuyas dos estremidades guarnecidas de virolas de metal estan, la una en comunicacion con el suelo i la otra con la máquina, toda la campana en que se hace el vacío aparece surcada de dardos de diferentes colores. Dejando entrar algun aire, la luz eléctrica se reconcentra i aparece mas brillante.

2.° **En el aire.** Todos los juegos de luz eléctrica en el aire estriban en un mismo principio, que consiste en multiplicar las chispas, haciendo recorrer al flúido elétrico una série de conductores descontinuos, formando dibujos mas o ménos variados.

El color de la *chispa eléctrica* en el aire parece depende de su presion, su humedad, de la naturaleza de los cuerpos entre que parte la chispa i de la carga eléctrica de los que la producen. La chispa de las baterías es siempre de una blancura deslumbradora.

18. 3.° **Efectos químicos** Aunque no tan poderosos como los de la electricidad dinámica, produce varias combinaciones i descomposiciones. Cuando una larga serie de chispas atraviesa el aire atmosférico, disminuye su volúmen i se forma una corta cantidad de ácido nítrico: a esta causa se atribuye la presencia de este ácido en las lluvias de tempestad.

§. V. *Galvanismo.—Pila de Volta.*

1. **Esperiencias fundamentales.** El descubrimiento del *galvanismo* i de la *pila* de *Volta* es de fines del siglo XVIII. Hé aquí las esperiencias fundamentales que les han dado orijen.

Se corta por mitad del cuerpo una rana viva, se le despoja

rápidamente de los miembros posteriores, dejando desnudos los dos nervios lumbales. Tomando entónces un arco metálico compuesto de una lámina de cobre i de otra de zinc, móviles al rededor de su punto de union, se pone en contacto uno de los metales con los nervios lumbales, i se tocan sus músculos crurales con el otro metal. A cada contacto los miembros del animal esperimentarán vivas convulsiones, movimientos que pueden reproducirse por mucho tiempo despues de la muerte del animal fig. 87).

2. **Galvani.** Este fenómeno notable fué descubierto por

Galvani, médico i profesor de anatomía en Bolonia, en 1789. Para esplicarle admitia en la rana la existencia i desarrollo espontáneo de dos flúidos eléctricos, i asimilaba el ánimal a una botella del Leyde, siempre en disposicion de ser descargada.

3. **Volta.** Volta, profesor de física en Pavia, repitiendo las esperiencias de Galvani, fué conducido por sus investigaciones a una esplicacion mui diferente. Comprobó desde luego que las convulsiones de la rana son infalibles i mui pronunciadas cuando el arco conductor que establece la comunicacion entre los músculos i los nervios está compuesto de *dos metales eterojéneos*, mientras que empleando un solo metal es mui difícil obtener conmociones sensibles. Volta creyó, pues, poder sentar que las conmociones eran en efecto producidas por la electricidad; pero que la rana hacia simplemente el papel de un electróscopo, mientras que la causa jeneratriz de la electricidad existia, únicamente en el *contacto de los dos metales eterojéneos*: uno de los cuales (el zinc) se cargaba de electricidad positiva, i el otro (el cobre) de electricidad negativa, cuyos dos fluidos contrarios, neutralizándose en los órganos de la rana, i reproduciéndose incesantemente, son la verdadera i única causa de las conmociones.

4. **Pruebas directas del desarrollo de la electricidad por contacto.** Espondremos aquí las en que Volta apoyó su teoría, tan fecunda en resultados. Sirvióse al efecto del *electrómetro condensador*.

1.ª Tocó el platillo inferior, que es de cobre, con una lámina de zinc comunicando con el suelo, i el disco superior con los dedos mojados, i levantando este en seguida observó que las láminas de oro se separaban, conociendo ademas que esta diverjencia era producida por la electricidad negativa. Sustituyendo a la placa de zinc una de cobre como la del disco del condensador, este no daba la menor señal de electricidad.

2.ª Volta formó una placa doble formada de una lámina de zinc soldada con otra de cobre: puso en comunicacion con el suelo el todo de cobre i la parte zinc con el platillo del condensador; pero como el contacto fué inmediato, la placa zinc se halló colocada entre dos metales de la misma naturaleza, en los dos puntos de contacto se desarrollaron fuerzas iguales i contrarias, i el condensador no dió muestras la electricidad como debia suceder. Pero Volta a fin de hacer pasar al disco inferior del condensador la electricidad positiva del zinc, interpuso entre ambos un cuerpo conductor que por el contacto con los dos metales no desarrollase cantidad sensible de electricidad, eligiendo por tal un pedazo de paño mojado en agua, i al momento el electrómetro dió señales de haberse electrizado positivamente (1).

5. **Sistema de Volta.** Volta estableció, apoyado en los hechos referidos, el siguiente sistema. Llamó *fuerza electro-motriz* a la que nace del contacto de dos cuerpos heterojéneos, que reside en la superficie de su punto de union, i que, descomponiendo continuamente el fluido natural, hace pasar el fluido positivo sobre uno de los cuerpos, i el negativo sobre el otro. Esta fuerza tiene dos efectos: 1.° descompone los dos fluidos naturales; 2.° se opone a su recomposicion. Mientras obra para descomponer las dos electricidades, es instantánea i permanente, pues solo necesita un momento inapreciable para desarrollarse i su accion persiste todo el tiempo que dura el contacto. Sin embargo, mientras se opone a la recomposicion de los dos fluidos tiene un límite, dando a cada uno de los metales en contacto una tension máxima, de tal manera que: 1.° si los dos metales están aislados, el uno de ellos tendrá una tension máxima de $+e$ de electricidad positiva, i el otro una tension de $-e$ de electricidad negativa; 2.° si uno de los metales comunica con el suelo, su tension eléctrica desaparece; pero el otro metal la adquiere doble, $+2e$ o $-2e$, segun que el metal negativo o el positivo esté en comunicacion con el depósito comun. Segun Volta, la fuerza electro-motriz conserva su accion aunque el sistema de los dos metales en contacto esté artificialmente electrizado; por manera que si se les comunica una cantidad $2P$ de electricidad positiva, el zinc poseerá siempre una carga $P+e$ de fluido positivo, i el cobre únicamente una carga $P-e$, i la diferencia de las dos tensiones será constante e igual a $2e$. Si los dos metales estuviesen en comunicacion con un manantial de electricidad negativa, el esceso de $-e$ estaria en favor del me-

(1) Estas esperiencias variadas de distintos modos dieron siempre iguales resultados con todos los metales, variando únicamente la intensidad de las electricidades producidas por el contacto.

tal negativo. Finalmente, la tension de los cuerpos en contacto no es igual. Los metales son, segun Volta, *buenos electrómetros*; pero los demas cuerpos, como el agua i los ácidos, tienen esta propiedad en grado mui débil.

6. **Pila de Volta.** Este instrumento, que ejerció tanta influencia en los progresos de la física i de la química, fué sujerido a Volta, su célebre inventor, por los principios sentados; sin embargo, su teoría es aun inexacta.

7. **Construccion de la pila.** Colocando sobre un disco de cobre en comunicacion con el suelo un disco de zinc, sobre este una rodajita de paño humedecida con agua salada o acidulada, i volviendo a colocar por el mismo órden unos sobre otros, i cuantas veces queramos, el disco de cobre, el de zinc, i la rodajita de paño, construiremos una *pila voltaica* (fig. 88). Cada disco metálico es un *elemento* de la pila, que terminará, por consiguiente por un lado en su elemento cobre, i por otro en uno zinc. Los elementos zinc i cobre están jeneralmente soldados entre sí, formando lo que se llama *un par* de la pila.

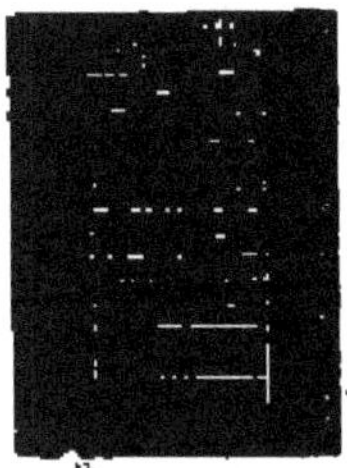

8. **Estado de la pila en sus diversas posiciones.** La pila puede estar aislada o comunicar con el suelo.

1.° Si la pila de Volta comunica con el suelo por la estremidad cobre, la teoría de Volta indica, i la *esperiencia prueba*, que toda la pila se halla cargada de *fluido positivo*, i que la tension eléctrica aumenta desde la base donde es cero hasta la cúspide zinc, donde está en su máximo. Unicamente que, segun la teoría de Volta, la tension deberia crecer proporcionalmente al número de *pares*, lo que no sucede.

2.° Si la estremidad zinc es la que comunica con el suelo, toda la pila se cargará de *electricidad negativa*, i la tension seguirá la misma lei que en el caso anterior.

3.° Finalmente, si la pila estuviese completamente *aislada* contendria simultáneamente las dos electricidades, positiva i negativa: toda la mitad correspondiente a la estremidad zinc estaria electrizada positivamente, i la otra mitad negativamente. En el centro la tension eléctrica seria cero, i creceria a partir de este punto hasta las dos estremidades.—El estado de la pila aislada estará, pues, bastante bien representado por la unión de dos pilas de igual número de pares, comunicando con el suelo, montadas en órden inverso, i de que se hubiese f[illegible] poniéndolas base a base, i separando lo[illegible] contacto por una rodajita húmeda.—Estas d[illegible]unidas conservarian cada una el estado eléctri-c[illegible] separadamente ántes de su union.—Se llama p[illegible]tivo de la pila aislada la estremidad zinc, i polo ne-g[illegible]stremidad cobre.

[illegible] **actividad.** Si se reunen los dos polos por un hi[illegible]uctor, los dos flúidos contrarios acumulados a las es[illegible] de la pila se recompondrán por medio de este cu[illegible]equilibrio eléctrico del aparato se destruirá; pero a ca[illegible]te la fuerza electro-motriz tenderá a reproducirlo, i [illegible] conjuntivo será incesantemente atravesado por dos corrientes contrarias, la una de electricidad positiva i la otra de negativa.—Desde este momento la electricidad deja de estar en estado de tension en la pila, pues no es sensible ni aun a los electróscopos mas delicados.—Antes de la reunion de los polos, la pila aislada obra por atraccion o repulsion sobre los cuerpos electrizados que se le presentan, despide chispas i carga instantáneamente la botella de Leyde; pero despues de la reunion de los polos todos estos fenómenos desaparecen.—Pero entónces los flúidos eléctricos adquieren propiedades nuevas, dando lugar al estudio de la electricidad dinámica.

9. **Pila de columna.** Tal es la que acabamos de describir i la inventada por Volta.

10. **Pila de pilon horizontal.** Está formada por una caja rectangular de madera, sobre cuyas caras interiores i opuestas están practicadas ranuras paralelas i verticales, en las cuales se colocan pares rectangulares, formados cada uno de una placa de cobre soldada con otra de zinc, i sujetas por medio de un betun aislador. El intervalo que separa dos pares es un cubito, i todos estos intervalos se llenan de un líquido acidulado que sirve de conductor, i que reemplaza las rodajitas de paño humedecidas de la pila de columna. Para hacer comunicar los dos polos, se ponen en los dos últimos piloncitos dos placas de cobre armadas de hilos metálicos, que se denominan *reóforos* o *eléctrodos.*

11. **Pila de Wollaston.** En esta pila las placas de cobre i zinc, soldadas entre sí por una prolongacion recta,

como lo indica la fig. 69, están fijas a un travesaño de madera,

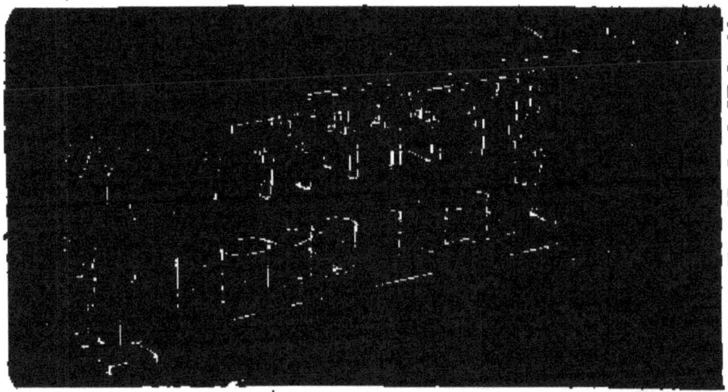

que permite sumejirlas inmediatamente en una serie de vasos de cristal separados, de manera que cada par se sumerja en un vaso que contiene el líquido acidulado.—El par que se introduce en el mismo vaso se compone del cobre de uno de los elementos i del zinc del elemento siguiente. Estos dos metales deben estar contorneados de manera que no se toquen.

12. **Accion química de la pila.** Si bien no está comprobado, como pretenden MM. Becquerel i Delárive, que la teoría de la pila pueda esplicarse esclusivamente por la accion química, está fuera de toda duda que esta accion ejerce una influencia mui marcada i grande en los fenómenos de la pila, imposible de esplicar, segun pretendia Volta, por el simple contacto de los dos metales.

13. **Efectos de la pila.** Pueden dividirse en tres clases: *fisiolójicos*, *físicos* i *químicos*.

14. **Efectos fisiolójicos.** 1.° Si se tocan con las manos mojadas los dos polos de una pila aislada, se esperimenta una conmocion que dura tanto como el contacto, i que se hace insoportable por su continuidad; 2.° poniendo los reóforos de la pila en contacto con las sienes, se siente una picadura mas o ménos viva, i a cada contacto un resplandor mui vivo e instantáneo pasa por delante de los ojos; 3.° sometiendo a la accion de la corriente voltaica algunos animales, como conejos, cochinillos de Indias asfixiados desde cerca ya de una hora, se ha conseguido volverles a la vida; 4.° en los cuerpos organizados, recientemente privados de vida, esta

misma corriente escita contracciones i movimientos estraordinarios.—La conmocion voltaica aumenta con el número de elementos de la pila.

15. **Efectos físicos.** Son mui variados, i solo mencionaremos algunos relativos al *calor* i *luz* que la electricidad voltaica puede producir.

Si se reunen los dos polos de la pila de Wollaston por un hilo metálico, suficientemente corto i delgado, se enrojece, i segun su naturaleza puede fundirse i arder. Así, por ejemplo, las hojas de oro, plata i cobre..... arden i producen unas chispas vivísimas diversamente coloreadas.

El fenómeno mas notable i brillante es el de la esperiencia

Fig. 90.

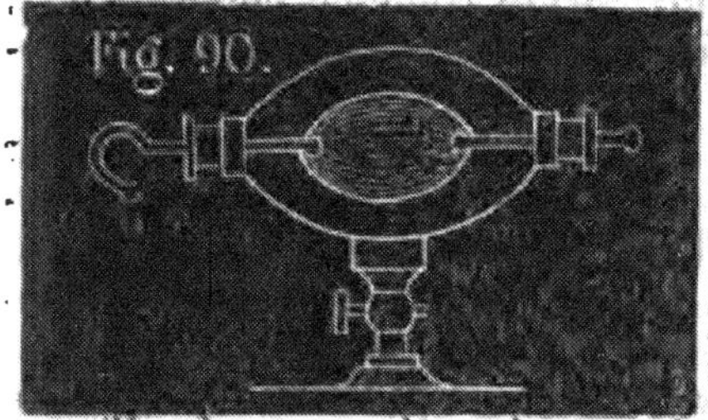

de Davy. En lo interior de un globo de cristal semejante al de la fig. 90, i en que se puede hacer el vacío, se hacen pasar por medio de cajas de cuero, dos cilindros de cobre a cuyos estremos estan fijos dos conos de carbon, mui calcinados en un crisol i al fuego de fragua, i haciendo comunicar los cilindros de cobre con los polos de una buena pila, se ve brillar entre los conos de carbon una luz deslumbradora semejante a la del sol. Aunque los polos de carbon se vuelven incandescentes, no se conmueven ni sufren la menor alteracion. Apartando de sí ambos conos el espacio que les separa, se llena de arcos luminosos de una intensidad notable. Esta luz es atraible al iman. Divide con la luz solar la propiedad de hacer detonar una mezcla de volúmenes iguales de cloro e hidrójeno.

16. **Efectos químicos.** Son mui numerosos i notables, i solo mencionaré, aunque sin describirlos, los mas principales i comunes. Descuella entre estos la *descomposicion del agua*, la descomposicion de los *óxidos* i de los *ácidos*, i la de las *sales*.

§. VI. *Electro-dinámica.*

1. El hecho fundamental que ha dado orijen al descubri-

miento de los fenómenos *electro-dinámicos* se debe a Œrsted i data desde 1820.

2. La esperiencia demuestra que cuando una pila voltaica está aislada, hai un esceso de electricidad positiva libre en el polo zinc, i un esceso igual de electricidad negativa libre en el polo cobre; por manera que reuniendo los dos polos por un hilo metálico, los dos flúidos contrarios se recompondrán por medio del conductor; pero la fuerza electro-motriz, reproduciendo constantemente los dos flúidos, surcarán el *hilo conjuntivo*, formando lo que se llama *dos corrientes* contrarias, la una de electricidad positiva, yendo del polo zinc al polo cobre, i la otra de electricidad negativa, yendo del polo cobre al polo zinc, cuyo movimiento, comunicándose a la pila, las dos corrientes contrarias formarán en cierto modo un vehículo con la pila i el conductor.

3. **Convenciones.** 1.° Se ha convenido en considerar únicamente en la pila en actividad el movimiento de la electricidad positiva; 2.° en llamar corriente *rectilínea*, *sinuosa*, *circular*, *vertical*, *etc.*, segun que el hilo conductor sea rectilíneo, sinuoso, *circular*, *vertical*, *etc.*

4. **Corrientes fijas.** Llámanse así las que se obtienen reuniendo los dos polos de una pila, o de un solo par de Wollaston.

5. **Corrientes móviles.** Llámanse así las que se obtienen haciendo flotar en un baño de agua acidulada un par voltaico, de manera que la corriente positiva pasando por el intermedio del líquido atraviese el hilo conductor que le sirve de vehículo.

6. **Accion de las corrientes sobre las corrientes.—Principios fundamentales.** La esperiencia, por medio de aparatos sencillos, ha demostrado las leyes o principios siguientes:

1.° **Corrientes paralelas.** 1.ª Dos corrientes paralelas i de un mismo sentido se atraen.

2.ª Dos corrientes paralelas i de sentido contrario se repelen.

3.ª La atraccion i la repulsion son tanto mayores cuanto menor es la distancia.

2.° **Corrientes sinuosas.** 1.° La accion de una corriente rectilínea es idénticamente la misma que la de una corriente sinuosa, que se separa poco de la primera, i que concluye en las mismas estremidades.

3.° **Corrientes no paralelas.** 1.ª Dos corrientes rectilíneas que forman entre sí un ángulo cualquiera, se atraen si están dirijidas ambas hácia el vértice del ángulo, o si ambas se separan de él.

7. **Consecuencias.** De los principios o leyes sentadas se deducen como consecuencias:

1.° La accion directiva de una corriente rectilínea horizontal sobre una corriente vertical móvil al rededor de un eje vertical; 2.° la accion de dos corrientes verticales; 3.° la accion sobre una corriente rectangular o circular, móvil al rededor de un eje vertical.

8. **Solenoides.** Llámanse así una reunion de corrientes circulares juxta-positas, situadas en planos paralelos, i móviles al rededor de un mismo eje vertical.

Para realizar esta disposicion se enroscará en *hélice* un largo hilo de cobre, porque entónces si hacemos volver la corriente sobre sí misma replegando los dos cabos del hilo paralelamente al eje de la hélice, la corriente total se compondrá de tres partes, a saber: 1.° de una corriente rectilínea en un sentido *ab*; 2.° de otra corriente rectilínea en sentido contrario *ba*, que destruirá la primera; i 3.° de una serie de círculos paralelos, recorridos todos en un mismo sentido.

9. **Accion de las corrientes sobre los solenoides.** 1.° Si una corriente rectilínea i bien enérjica está tendida horizontal i paralelamente encima de un *solenoide* móvil, este jira sobre sí mismo i *tiende* a fijarse en un plano perpendicular a la corriente fija; 2.° las corrientes ejercen una accion atractiva i repulsiva sobre los solenoides; 3.° los *solenoides fijos* ejercen a su vez una accion igual sobre las corrientes móviles rectilíneas, observándose siempre las atracciones cuando las corrientes se dirijen en un mismo sentido, i las repulsiones cuando en sentido inverso.

10. **Accion mútua de los solenoides.** La esperiencia demuestra que en dos solenoides los polos del mismo nombre se repelen i los polos de nombre contrario se atraen.

11. **Rotacion de las corrientes por las corrientes.** La esperiencia i el raciocinio demuestran: 1.° una corriente horizontal circular imprime un movimiento de ro-

tacion a una corriente móvil en un plano horizontal paralelo i poco lejano; 2.° una corriente circular fija ejerce una accion igual sobre una corriente vertical móvil al rededor de un eje vertical que pase por el centro de la primera.

§ VII. *Electro-magnetismo.*

1. **Accion de la tierra sobre las corrientes.—Sobre una corriente movil al rededor de un eje vertical.** Una corriente rectangular o circular de esta especie, abandonada a sí misma, se coloca espontáneamente despues de algunas oscilaciones en una posicion fija cuyo plano es exactamente perpendicular al meridiano magnético, o sea a la aguja de declinacion, i ademas la electricidad se mueve en el hilo conductor de este a oeste. Si se varía el sentido de la corriente, el aparato hace una semi-revolucion, i vuelve a colocarse en la misma posicion.

2. **Consecuencia.** De la esperiencia anterior se deduce *que la tierra obra sobre la corriente móvil exactamente como si estuviese surcada en su superficie por una corriente eléctrica dirijida de este a oeste, perpendicularmente al meridiano magnético, en el sentido del movimiento diurno del sol.*

3. **Accion de la tierra sobre una corriente móvil al rededor de un eje perpendicular al meridiano magnético.** Una corriente de esta especie se detendrá desde luego en una posicion fija cuyo plano sea perpendicular a la aguja de inclinacion.

4. **Consecuencia.** *Dedúcese de esta esperiencia que el globo terrestre puede ser asimilado a una vasta corriente que atraviesa su superficie de este a oeste en un plano perpendicular a la aguja de inclinacion.*

5. **Corrientes estáticas.** Llámanse así las que no sufren ninguna influencia del globo terrestre.

6. **Accion de la tierra sobre un solenoide.** Un solenoide móvil al rededor de un eje vertical, despues de algunas oscilaciones, se fija en una posicion tal, que los planos de los círculos que le constituyen son perpendiculares al meridiano magnético; i es evidente entónces que el eje del solenoide estará situado en el mismo meridiano, o bien que

será paralelo a la aguja de declinacion. Si se varía el sentido de las corrientes, el solenoide hará una semi-revolucion i volverá a la misma posicion.

7. **Consecuencia.** *Dedúcese de esta esperiencia que un solenoide móvil al rededor de un eje vertical se comporta bajo la influencia de la tierra como una aguja imantada.*

8. **Accion de las corrientes sobre los imanes. Accion mútua de los imanes sobre los solenoides.** Presentando los polos de un iman fijo a un solenoide móvil, o bien uno de los polos del solenoide fijo a un iman móvil reconoceremos:

1.° Que los polos de un iman repelen los polos de un mismo nombre de un solenoide i atraen los polos de nombre contrario.

2.° Que los polos de un solenoide repelen los polos de un mismo nombre de un iman i atraen los polos de nombre contrario.

Consecuencia. *Dedúcese de aquí que un solenoide i un iman obran uno sobre otro, como un iman sobre otro iman o como un solenoide sobre un solenoide.*

9. **Accion directiva de las corrientes sobre los imanes.** He aquí la que dió orijen al electro-magnetismo, i que debemos a OErsed:

1.° Si la corriente va de *sur* a *norte*, i pasa por encima i horizontalmente en la direccion de la aguja imantada, el polo austral de esta se desviará hácia el *oeste*. Si la corriente pasa por debajo de la aguja, el polo austral de esta se desviará hácia el *este*.

2.° Si la corriente va de *norte* a *sur*, el polo austral de la aguja se desviará hácia el *este* cuando la corriente pase por *encima*, i al *oeste* cuando pase por debajo.

10. **Consecuencia.** *Dedúcese naturalmente de esta doble esperiencia que la aguja imantada está sometida a la accion simultánea de dos fuerzas, a saber: la fuerza electro-magnética de la corriente i la fuerza magnética del globo.*

11. **Accion de las corrientes sobre una aguja estática.** En este caso la accion de la corriente fuerza siempre a la aguja a colocarse en *cruz* con ella, esto es, a fijarse en una direccion perpendicular a la suya.

12. **Otras acciones de las corrientes sobre los**

imanes. 1.ª Las corrientes ejercen tambien sobre los imanes acciones atractivas i repulsivas; 2.ª las corrientes eléctricas pueden imprimir a los imanes un movimiento de rotacion contínuo.

13. **Acciones de los imanes sobre las corrientes.** 1.ª La accion directiva de un iman sobre una corriente estática es idéntica a la de esta sobre aquel, esto es, la corriente móvil i estática se pondrá en *cruz* en la aguja imantada; 2.ª los imanes ejercen tambien acciones atractivas i repulsivas sobre las corrientes idénticas a las que estas ejercen sobre aquellos; 3.ª los imanes pueden imprimir a las corrientes eléctricas móviles un movimiento de rotacion contínuo. Efectivamente, si encima o debajo de una corriente eléctrica móvil se coloca verticalmente un hacecillo magnético, al instante el aparato móvil se pondrá a jirar uniformemente.

Observacion. La influencia del globo terrestre puede tambien imprimir a una corriente eléctrica móvil un movimiento de rotacion idéntico.

14. **Imantacion por las corrientes voltaicas.— Accion de las corrientes sobre el hierro dulce. Esperiencia.** 1.ª Si a un hilo de cobre atravesado por una corriente eléctrica se presentan varias limaduras de hierro, se observará que estas, atraidas con fuerza, se enroscan al rededor del hilo; pero así que la corriente cesa, caen al instante.

2.ª Si perpendicularmente a una barra de hierro dulce, i hácia su centro, se hace pasar una corriente rectilínea, la barra se imantará por influencia, i adquirirá un polo austral a la izquierda de la corriente i su polo boreal a la derecha.

15. **Electro-imanes.** Llámanse así las barras de hierro dulce imantadas por la influencia de las corrientes. Las de forma de estribo o de herradura, revestidas con un hilo de cobre cubierto de seda, son los mas poderosos. En efecto, colocando uno sobre otro dos electro-imanes de forma de herradura, cuyos polos contrarios estén en frente suspendiendo pesos del iman inferior, se obtendrá una fuerza de mas de 1,000 o 1,200 libras.

16. **Tentativas de aplicacion de los electro-imanes como fuerza motriz.** La facilidad con que los electro-imanes adquieren o pierden la polaridad magnética

ha hecho nacer la idea de hacerles servir para engendrar movimientos de rotacion continua, con el objeto de utilizarles en la industria como fuerza motriz. Aunque no se ha realizado aun esta idea, parece llena de porvenir.

17. **Accion de las corrientes sobre el acero.—Aparato.** Sobre un tubo de cristal se enrosca en forma de hélice un hilo de cobre. Si se enrosca de derecha a izquierda, la hélice se llama de *dextrorsum*; si de izquierda a derecha, de *senistrorsum*.

18 **Esperiencias.** 1.ª Si en el eje de una *hélice dextrorsum* cuyos estremos comuniquen un solo instante con los polos de una pila se coloca una aguja de acero en estado natural, se hallará instantáneamente imantada a saturacion, i el polo boreal estará a la entrada i el austral a la salida de la corriente; 2.ª con una *hélice senistrorsum* obtendremos el mismo fenómeno, solo que los polos estarán en sentido opuesto.

Por este mismo medio pueden imantarse gruesas barras de acero.

19. **Imantacion por la descarga de la botella de Leyde.** Comunicando la armadura interior de una botella de Leyde con el estremo de una hélice, i la armadura esterior con el otro estremo, puede lograrse tambien la imantacion de las agujas de acero.

20. **Corrientes por induccion.** Llámanse así a las corrientes desarrolladas en un conductor metálico por la influencia de una corriente voltaica próxima, o por la de un iman.—Esta denominacion se ha inventado por M. Faraday.

Las corrientes por induccion pueden subdividirse en corrientes *electro-eléctricas* i *magneto-eléctricas*, segun que sean producidas por la influencia de la electricidad voltaica, o por la de un iman.

21. **Proposicion jeneral de la induccion.** Cuando un conductor cerrado recibe en alguno de sus puntos la accion de una corriente, es atravesado por una corriente inversa: cuando cesa de recibir esta accion, es atravesado por una corriente directa; i finalmente, no esperimenta ninguna modificacion sensible, no es atravesado por ninguna corriente, cuando la accion que se ejerce sobre él es constante.

Esta proposicion ha sido demostrada por la esperiencia.

22. Multiplicador o galvanómetro. Llámase así un aparato propio para comprobar la existencia de una corriente en un conductor metálico i a medir su enerjía.

23. Descripcion del galvanómetro. En el centro de una caja de madera está colocada verticalmente en el plano del meridiano magnético, i libremente suspendida por su centro de gravedad, una aguja imantada horizontal.—Sobre el cuadro de madera está arrollado un hilo de cobre cubierto de seda, destinado a conducir una corriente eléctrica.—Las dos estremidades del hilo están libres.—La fig. 91 representa un multiplicador.

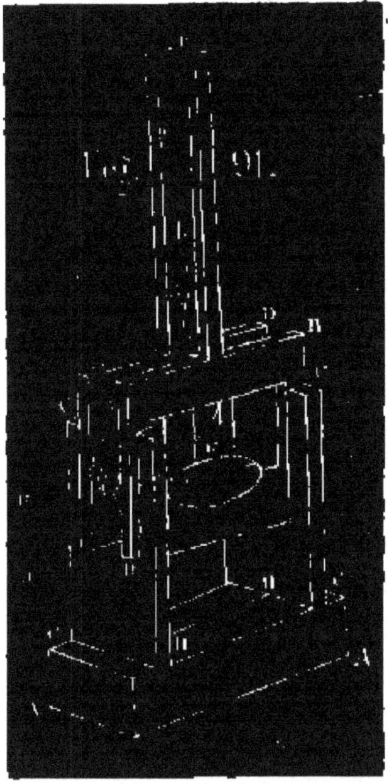
Fig. 91.

24. Con el auxilio del galvanómetro diferencial i de la *brújula de seno;* M. Pouillet obtuvo los resultados siguientes:

1.° La intensidad de una corriente es igual en todos los puntos del circuito que atraviesa.

2.° La intensidad de una corriente está en razon inversa de la lonjitud total del circuito, i en razon directa de la seccion del hilo que la trasmite i de su conductibilidad.

3.° El órden de conductibilidad de los metales para la electricidad voltaica es el siguiente: *paladio, plata, oro, cobre, platino, laton, hierro, mercurio.*

25. Teoría de Ampere sobre el magnetismo. A pesar de lo incompleta que ha sido la esposicion de los fenómenos electro-dinámicos i electro-magnéticos que acabamos de mencionar, son en sí suficientes para justificar la hipótesis de Ampere de la identidad del fluido magnético i eléctrico, cuyos fenómenos pueden considerarse como hijos de una sola i única causa.

M. Ampere considera, pues, el globo terrestre como una reunion de corrientes eléctricas; i un iman, segun él, está compuesto de varias corrientes eléctricas que jiran, no solo al rededor de la superficie, sino al rededor de cada una de sus moléculas. Cada seccion de un iman, perpendicular al eje, presentaria por consiguiente una reunion de corrientes moleculares, dirijidas en un mismo sentido próximamente, como lo indica la fig. 92. Por lo demas, todas estas corrientes elementales obrarian esteriormente como una corriente única cerrada, cuya intensidad se compondria de la suma de todas sus intensidades parciales. Tal es la hipótesis i teoría de Ampere, que presenta todos los grados posibles de probabilidad.

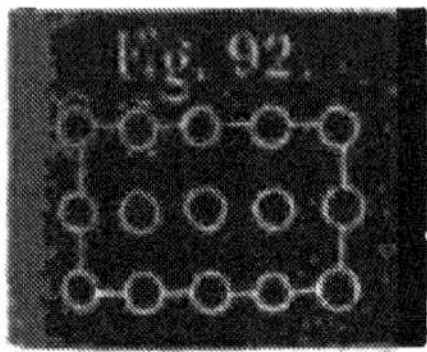

Fig. 92.

§ VIII. *Corrientes termo-eléctricas.*

1. El *calórico* es tambien una causa de electricidad, así como a veces es efecto de esta.—Las relaciones mútuas de estos dos ajentes podrán demostrar un dia su identidad.

2. **Corrientes termo-eléctricas en un circuito compuesto de un solo metal.** Enroscando en hélice una parte de un hilo de platino, i calentando alternativamente uno de sus estremos o el centro de este hilo, observaremos por medio de un galvanómetro:

1.° Que se establece una corriente eléctrica que va desde el estremo caliente al frio.

2.° Que no hai muestras de electricidad cuando el punto caliente está en el centro.

Consecuencia. La desigual temperatura de un conductor es pues lo que desarrolla estas corrientes, que por eso son llamadas *termo-eléctricas*, puesto que en el segundo caso, siendo todo simétrico al rededor del punto caliente, el calor se propaga igualmente por ambos lados, i los dos fluidos eléctricos permanecen en equilibrio.

3. **Corrientes termo-eléctricas en un circuito compuesto de varios metales.** Soldando un cilindro de bismuto con una lámina de cobre en forma de herradura, i calentando alternativamente las dos soldaduras o entrambas a la vez, observaremos:

[redacted]

1.° Que cal
dura S (fig. 93)
corriente termo-
sentido SMS'.

2.° Que calentando la soldadura S', se establece otra corriente en el sentido S'MS.

3° Que calentando igualmente i a la vez las dos soldaduras SS', no hai signo sensible de electricidad.

Si sustituimos al cilindro de bismuto uno de antimonio, observaremos iguales fenómenos en órden inverso, esto es, variará la direccion de las corrientes.

4. **Poderes termo-eléctricos.** La enerjía de la corriente producida por la propagacion del calor en un metal homojéneo constituye el *poder termo-eléctrico* de este metal.

El *poder termo-electrico* aumenta con la temperatura, pero, no segun la misma lei, en todos los metales.

5. **Termo-multiplicadores.** Llámanse así ciertos aparatos termométricos fundados sobre los poderes termo-eléctricos de los metales. El mas perfecto es el de M. Meloni.

6. **Termo-multiplicador de M. Meloni.** Las partes esenciales de este aparato son: 1.° Una pila termo-eléctrica formada por unas cincuenta barritas de antimonio i bismuto, soldadas entre sí, que constituyen el verdadero cuerpo termoscópico; 2.° de su galvanómetro con dos agujas que sirve de indicador.

4.ª SECCION.—DE LA LUZ.—OPTICA.

§ I. *Propagacion de la luz.—Medida de su velocidad e intensidad.*

1. La luz se produce de una infinidad de maneras; pero las principales son: el frote, el choque, la electricidad i las acciones químicas. Casi todos los cuerpos ponderables se vuelven luminosos cuando se eleva mucho su temperatura.

2. **Cuerpos luminosos** Todos los cuerpos de la naturaleza, considerados con relacion a sus propiedades ópticas,

pueden dividirse en dos clases: 1.ª cuerpos luminosos por sí mismos; 2.ª cuerpos que no lo son, pero que se hacen visibles enviándonos la luz que reciben de los primeros.

3. Los cuerpos luminosos emiten por sí mismos la luz en todos sentidos, i aunque se les divida en pequeños fragmentos, cada una de las moléculas emite del mismo modo la luz i constituye un *punto luminoso*.

4. Todos los cuerpos que no son luminosos por sí mismos se subdividen en tres grupos: 1.º Cuerpos *opacos*, que son impermeables a la luz; 2.º cuerpos *diáfanos* o *trasparentes*, que se dejan atravesar por la luz, i al traves de los cuales se distinguen claramente los objetos; 3.º cuerpos *traslúcidos* o dotados solamente de una semi-trasparencia, que aunque dejan atravesar parte de la luz, no permiten distinguir al traves suyo los colores, las distancias i las formas de los objetos.

5. **Propagacion de la luz en un medio homojéneo.** *En un medio homojéneo la luz se propaga en línea recta.*

Demostracion. Colocando unas detras de otras varias pantallas perforadas en su centro de manera que coincidan en línea recta, percibiremos por medio de los centros perforados en una misma línea la llama de una luz colocada a larga distancia; pero si el centro perforado de una sola pantalla sale de la línea recta, ya no se percibirá la llama.

6. Llámase *rayo luminoso* a cualquier direccion en que se propaga la luz.

7. Una reunion de rayos luminosos se llama *hacecillo luminoso*, que puede componerse de rayos *paralelos*, *converjentes* o *diverjentes*.

8. Un rayo de luz permanece *rectilíneo* cuando se propaga en línea recta. Si en el camino halla una superficie pulimentada, se *refleja* i sigue una línea quebrada. Si pasa de un medio diáfano a otro, se *refracta* i sigue tambien una línea quebrada. I cuando el medio que atraviesa se compone de capas cuya densidad aumenta o disminuye, el rayo de luz que cae sobre la primera se dobla mas i mas al atravesar las siguientes, resultando de la continuidad de estas inflexiones que la luz describe en realidad una *trayectoria* curvilínea.

9. **Sombra i penumbra.** Un cuerpo opaco solo

puede ser iluminado en parte.—El espacio privado de luz se llama *sombra.*

Cuando un cuerpo opaco está iluminado por un solo punto luminoso, la forma de la sombra que el cuerpo proyecta detras de sí se obtiene tirando desde el punto luminoso una tanjente al cuerpo opaco, i haciéndola jirar al rededor suyo (fig. 94).

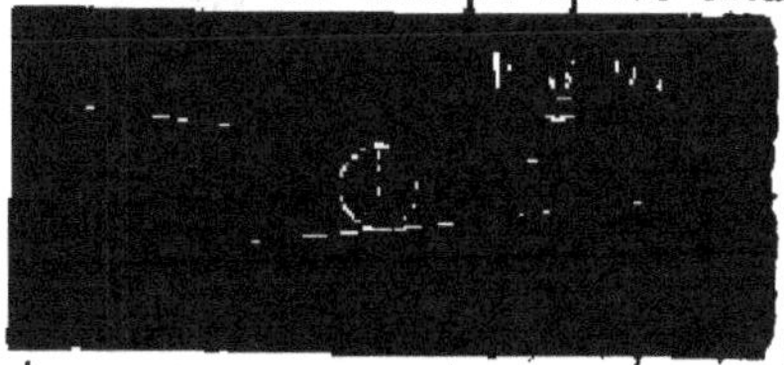

10. Cuando un cuerpo opaco no está iluminado por un solo punto, sino por otro cuerpo luminoso, debe distinguirse la *sombra* i la *penumbra.*

Supongamos que el cuerpo que ilumina i el cuerpo iluminado sean dos esferas OO', i cortémoslas por un plano cualquiera, segun la línea de los centros. Tiremos a los dos círculos de intercepcion la tanjente comun AB, que corta en S la línea de los centros. Si concebimos que esta línea jira al rededor del punto S apoyándose siempre sobre las superficies de las dos esferas, describirá un cono, cuya parte BSE, situada detras del cuerpo opaco, estará en *sombra* (fig. 95). Ti-

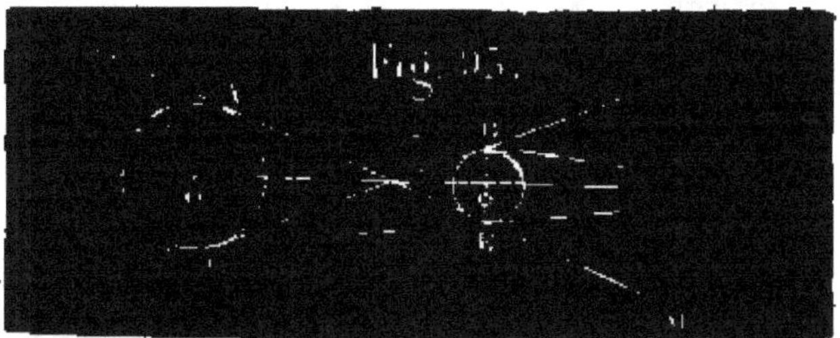

rando ahora a los dos círculos A i B otras dos tanjentes que se crucen entre estos círculos, todos los puntos situados sobre la primera CL recibirán luz del globo luminoso O, sucediendo lo mismo con todos los puntos situados debajo de la segunda tanjente AM; pero en el intervalo comprendido entre las líneas BL i BS se hallarán puntos que no recibirán la luz sino de una parte del cuerpo que ilumina, i de una parte tanto menor cuanto mas cerca estén situados de la línea BS. Lo mismo diremos del espacio comprendido entre las líneas

EM i ES.—Estas porciones del espacio, que ofrecen una degradacion de tintes, constituyen la *penumbra*.

11. **Observacion.** La teoría de los eclipses está fundada en lo que acabamos de esponer.

13. **Efectos de la luz al penetrar por un orificio estrecho en una cámara oscura.** 1.° Si los rayos solares que penetran por este orificio se reciben en un cuadro blanco colocado a distancia, obtendremos una pequeña superficie iluminada en igual forma que el orificio.

2.° Los cuerpos iluminados colocados delante del orificio presentan sobre el cuadro su imájen inversa.

Para concebir esto último figurémonos (fig. 96) el orificio

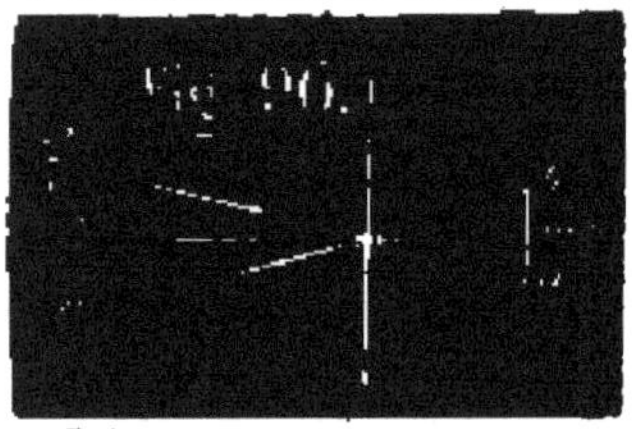

o mui pequeño, i que sea *amb* el cuerpo iluminado. El punto *a* envia un pequeño hacecillo de luz, i viene a formar en *a'* su imájen; el punto *m* forma la suya en *m'* i el punto *b* en *b'*.—I quedará formada la imájen *a'm'b'* inversamente.

14. **Velocidad de la luz.** La luz tiene una velocidad de propagacion en el vacío de cerca de 80,000 leguas por segundo, i recorre en 8' i 13'' la distancia del sol a la tierra.—Roemer hizo tan útil descubrimiento observando los eclipses del primer satélite de Júpiter. En efecto, sea en una época del año (fig. 97) *S* el lugar del sol, *T* la posicion de la tierra

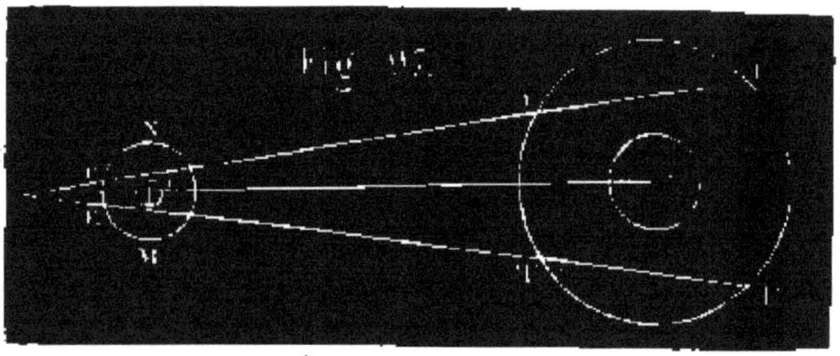

en la eclíptica que recorre en el sentido *TT'' T''*; en fin, *Y* el centro de Júpiter i *MN* el círculo que describe al rededor suyo su primer satélite.—En la primer mitad de la órbita celeste podremos observar los instantes preciosos en que el primer satélite se eclipsa, i en la segunda mitad será fácil notar los momentos exactos en que sale del cono de la sombra.—Podremos, pues, obtener fácilmente el intervalo trascurrido entre dos *inmersiones*, i en el segundo entre dos *emersiones* consecutivas.—Ahora bien: se halló que este tiempo era invariablemente igual a 42 horas 28'35".—Una vez determinado este período, es fácil calcular cuantas inmersiones habrá durante el tiempo que tardará la tierra en trasportarse del punto T al punto T'' de su órbita, i si hai 100, por ejemplo, sabremos cuál debe ser el momento exacto de la centésima inmersion. Sin embargo, notamos que el 100 eclipse observado desde el punto T' sucede un poco *mas tarde* de lo que el calculo demuestra, i este *retardo* solo puede provenir del tiempo que ha tardado la luz en recorrer el espacio TT' comprendido entre las dos posiciones T i T' de la tierra en su órbita.—Del mismo modo en la segunda mitad, si del punto T'' observamos la primera emersion, i calculamos el momento preciso en que debe tener lugar la 100.ª, hallamos por la observacion hecha desde el punto T''', a donde se ha trasladado entónces la tierra, que la emersion sucede un poco *ántes* que lo indicado por el cálcnlo. Este *adclanto* es evidentemente la diferencia entre el tiempo que ha tardado la luz en recorrer las dos distancias $T''E$ i $T'''E$, o bien el tiempo que ha empleado en recorrer el espacio T'' i T'''.—I como la órbita terrestre está perfectamente conocida, nada mas fácil que calcular la distancia exacta de las dos posiciones T i T' o de las otras dos T'' i T''', i dividiendo esta distancia por el número de segundos que la luz ha tardado en recorrerla, tendremos el espacio que la luz recorre en 1", o hallar su velocidad.

14. **Consecuencias.** Dedúcese de lo dicho: 1.º que nosotros no podemes jamas ver al sol en su verdadero lugar, sino en el en que estaba 8'13" antes; 2.º que atendida la gran distancia a que están de nosotros las estrellas fijas, la luz tardará en llegar a nosotros desde estos astros muchos millares de años, pudiendo existir estrellas cuya luz no nos hubiese aun llegado, i que millares de astros podrian ser instantáneamente aniquilados i el firmamento despoblado, sin que cosa alguna nos advirtiese de ello, puesto que los astros continuarian brillando para nosotros por muchos siglos.

15. **Intensidad de la luz.—Leyes.** 1.ª *La intensidad decrece como el cuadrado de las distancias aumenta.*

2.ª *La intensidad de la luz varía con la inclinacion de la superficie que la emite.*

16. **Fotometría.** Llámase así el ramo de la física que trata de determinar la intensidad relativa de dos luces.—Todo instrumento destinado a este jénero de comparacion se llama *fotómetro.*

§ II. *Reflexion de la luz.—Catóptrica.*

1. Cuando un rayo de luz cae sobre la superficie pulimentada de un espejo, es *reflejado,* a lo menos en parte, en una direccion determinada. La parte de la óptica que se ocupa de la reflexion de la luz se llema *catóptrica.*

2. Si consideramos la reflexion de la luz sobre una superficie plana AB, i desde el punto de incidencia levantamos una perpendicular o *normal* YN, el ángulo SYN, formado por el rayo incidente con la normal, se llama *ángulo de incidencia* ; i el ángulo RYN, formado por la normal con el rayo *reflejado,* se llama *ángulo de reflexion* (fig. 98).

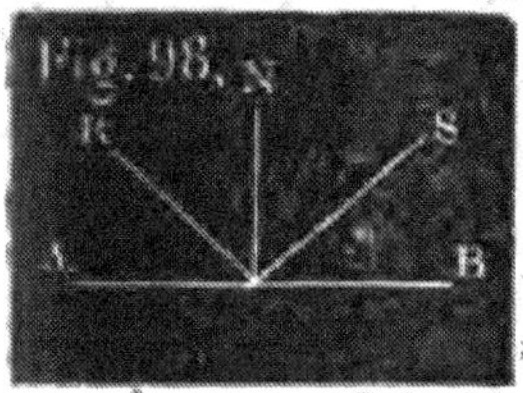

3. **Leyes de reflexion.** 1.ª *El rayo incidente i el rayo reflejado están en un mismo plano perpendicular a la superficie reflejante.*

2.ª *El ángulo de reflexion es igual al ángulo de incidencia.*

Demostracion. Se dispone en un plano vertical un círculo repetidor cuyo limbo esté graduado. Un anteojo móvil al rededor de un eje horizontal, que pasa por el centro, se dirije primero hácia una estrella E, i haciendo jirar el anteojo hasta que se distinga la misma estrella por reflexion sobre la superficie de un espejo plano horizontal, por ejemplo, un baño de mercurio, hallaremos siempre la imájen vista por reflexion en el mismo plano vertical descri-

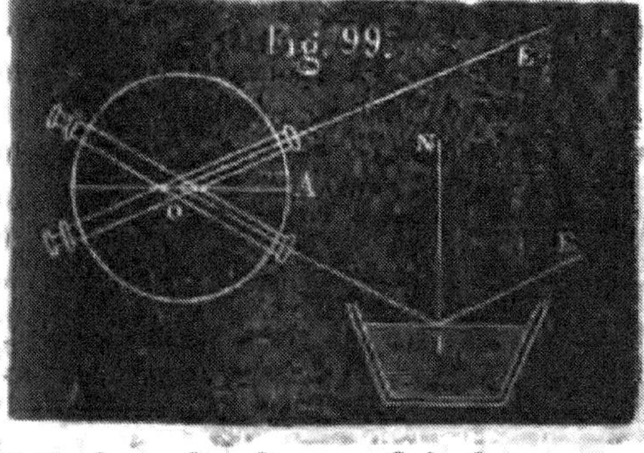

to por el anteojo, i que ademas el ángulo EOI, comprendido entre la direccion primitiva de su eje i su direccion nueva, es exactamente doble del formado con el diámetro horizontal AB. Lo que demuestra las dos leyes enunciadas (fig. 99).

4. **Espejos planos.** *La reflexion de la luz es la verdadera causa de que veamos exactamente los objetos detras de los espejos planos en una posicion simétrica a la que ocupan en efecto.*

Demostracion. Sea S un punto luminoso o simplemente iluminado colocado delante de un espejo plano AB (fig. 100). Bajemos desde este punto la perpendicular SH, sobre el espejo, i prolonguémosla en una cantidad HS' igual a sí misma. Sea SI un rayo incidente, la línea S'I prolongada será la direccion del rayo reflejado IR. Dedúcese de aquí que despues de la reflexion, todos los rayos IR, I'R'..... seguirán las mismas direcciones que si hubiesen salido del punto S', simétrico del punto S; i como la vista refiere siempre la posicion de un punto luminoso al paraje en que van a encontrarse, resulta que el observador verá la imájen del punto S en el punto simétrico S'.

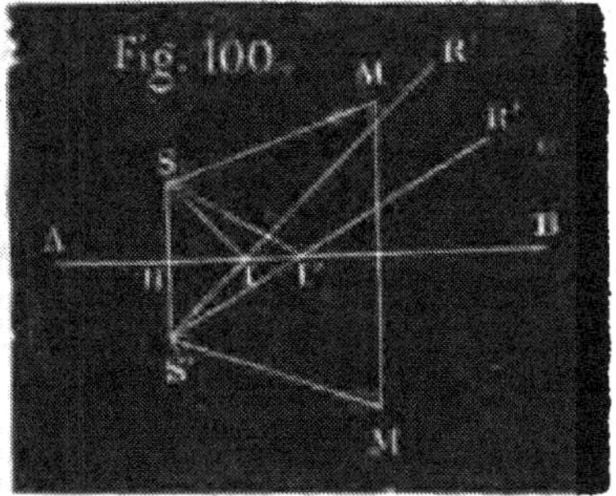

Fig. 100.

5. *Cuando un objeto iluminado está situado entre dos espejos planos paralelos, la infinidad de imájenes que se producen, i que están situadas en una misma recta perpendicular a las superficies reflejantes, es debido a la reflexion.*

Demostracion. En efecto, supongamos que el objeto L tenga una cara blanca i otra roja. La cara blanca (fig. 101) formará detras del espejo AB una primera imájen b'; este formará detras del espejo CD una segunda imájen blanca b'' simétrica de aquella: la imájen b'' producirá una tercera imájen b''' situada simé-

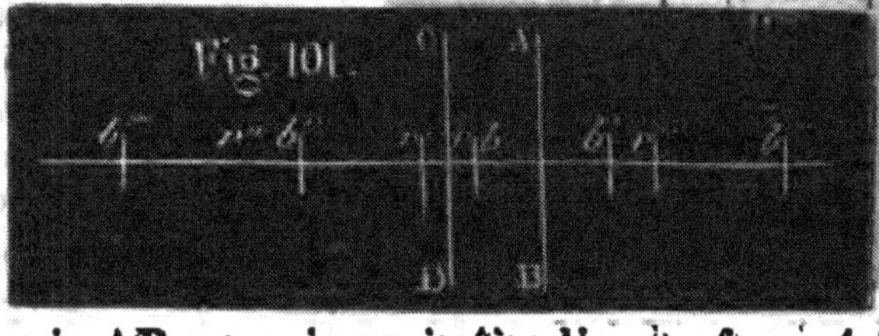

Fig. 101.

tricamente detras del espejo AB, i así de las demas. Por la misma razon los rayos emanados de la faz roja *r*, i sucesivamente reflejados por los dos espejos, formarán una infinidad de imájenes rojas *r'r''r'''* .... simétricas entre sí.

6. *La reflexion de un objeto luminoso sobre dos espejos inclinados forma varias imájenes, cuyo número i posiciones pueden determinarse conocido el ángulo de sus espejos.*

Demostracion. Supongamos que dos espejos AB i AC formen entre sí un ángulo recto (fig. 102). El punto luminoso L colocado en este ángulo formará detras del espejo AB una primera imájen L' detras del espejo AC una segunda imájen L''; finalmente, los rayos, tales como LI, que reflejados por el plano AB, están en el mismo caso que si emanaran del punto L', irán a formar detras del espejo AC una nueva imájen L'''. Del mismo modo los rayos que reflejados por el plano AC están en el mismo caso que si partiesen del punto L'', formarán al caer sobre AB una imájen simétrica, que coincidirá forzosamente con L'''.

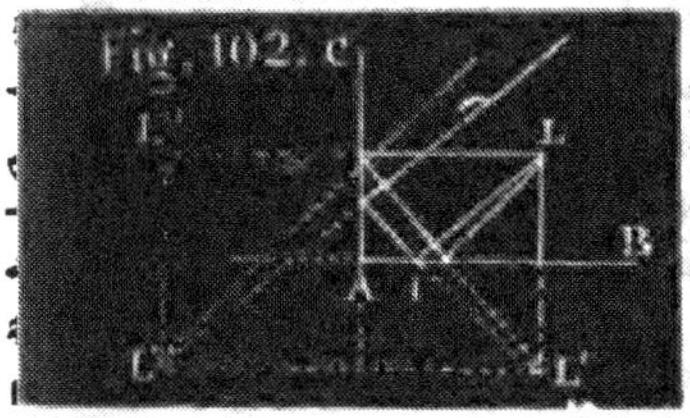

Aplicacion. M. Brewster ha fundado sobre este principio el instrumento llamado *kaleidóscopo*, que ha prestado importantes servicios al dibujo.

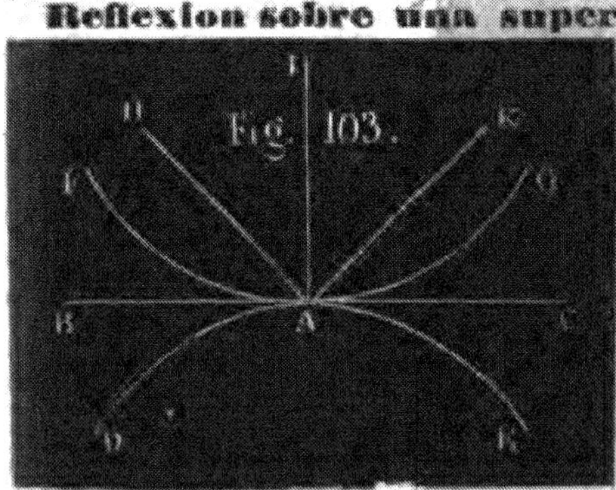

Reflexion sobre una superficie curva. La reflexion de la luz sobre una superficie curva está sometida a las mismas leyes que la reflexion sobre un plano, porque en el punto A, donde el rayo luminoso viene a herir la superficie curva FAG o DAE, se puede siempre concebir un plano BC tanjente a dichas superficies, que se confunde con ellas en la estension de un pequeño elemento *mm'*. La reflecion sobre las curvas en el punto A se efectuará del mismo modo que sobre el elemento plano que le es comun con el plano tanjente BC (fig. 103). La teoría de los espejos curvos se deduce de este principio.

Espejos esféricos. Los espejos esféricos son de dos clases: cuando el segmento esférico de vidrio o metal está pulimentado interiormente, se llama *espejo esférico-cóncavo*; cuando el pulimento es esterior, espejo esférico-convexo.

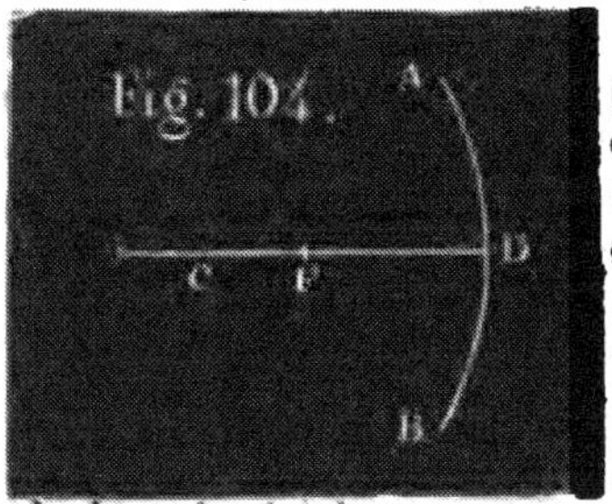

8. La figura 104 representa el perfil de un espejo cóncavo. C es el centro de una esfera cuyo segmento constituye el espejo. D, centro del segmento, se llama *centro óptico*. CD es el radio del espejo, i DA o DB constituyen sus *aberturas*. Una línea recta tirada indefinidamente por C i D forma el *eje principal*.

9. **Foco principal de los espejos cóncavos.** Si se dirije el eje de un espejo cóncavo hácia el sol, todos los rayos que vienen a herir su superficie se reunen por la reflexion en un corto espacio E, que se halla justamente en medio entre C i D, cuyo punto se llama *foco principal* del espejo, porque no solo se produce en este punto una luz mui viva, sino que se desarrolla tambien en él un gran calor.

10. **Focos recíprocos de los espejos cóncavos.**

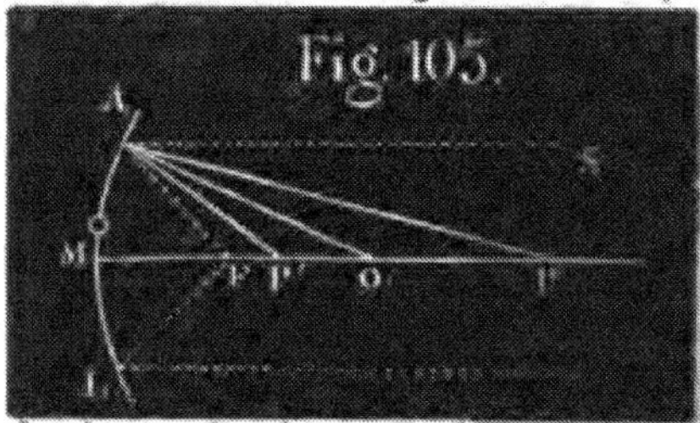

Si suponemos que los rayos luminosos no son *paralelos al eje* como los solares, sino que emanan de su punto P (fig. 105) colocado sobre el eje principal a una distancia limitada del espejo, es fácil deducir por las leyes de la reflexion que el foco que se forme se hallará en P' entre el *foco principal F* i el centro O del espejo.—A medida que el punto luminoso se aproxime al centro, el foco se aproximará tambien, puesto que estos dos puntos marcharán en sentido contrario.—Cuando el punto P se confunde con el centro O, todos los rayos que envia siendo perpendiculares a la superficie del espejo volverán sobre sí mismos, i el foco coincidirá con el centro O.—Así el punto luminoso P, continuando en aproximarse al espejo para entre el centro O i el foco principal F, es evidente que habiendo ocupado el lugar del foco P', este a su vez habrá ocupado el lugar del punto luminoso P.—Estos dos puntos P i P' se llaman pues *focos recíprocos*.

10. **Foco virtual de los espejos cóncavos.** Si suponemos que el punto luminoso P llega a colocarse entre el foco principal F (fig. 106) i el espejo, los rayos reflejados no cortaran ya el eje; pero si se prolongan imajinariamente por detras del espejo, hallaremos que deben concurrir en el punto P', que será el *foco virtual*.

Fig. 106.

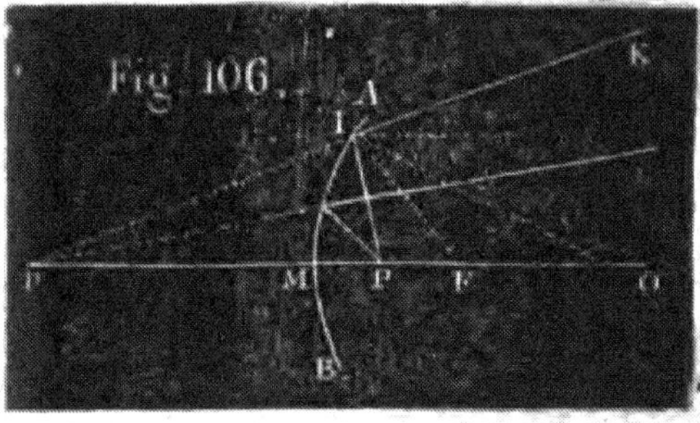

11. **Espejos convexo-focos.** Dedúcese fácilmente de lo dicho:

1.° Que los focos de los espejos convexos son siempre *virtuales*.

2.° Que el foco principal o sea de rayos paralelos está tambien situado en medio del radio del espejo.

3.° Que el foco recíproco está siempre colocado entre el foco principal i el espejo.

13. **Formacion de las imájenes en los espejos cóncavos.** Dedúcese de las consideraciones anteriores

1.° Que un objeto luminoso colocado sobre el eje principal de un espejo cóncavo a una distancia tal que sus rayos puedan considerarse como paralelos, forma una imájen inversa con el foco principal del espejo.

2.º Un cuerpo iluminado **AB** (fig. 107) situado delante

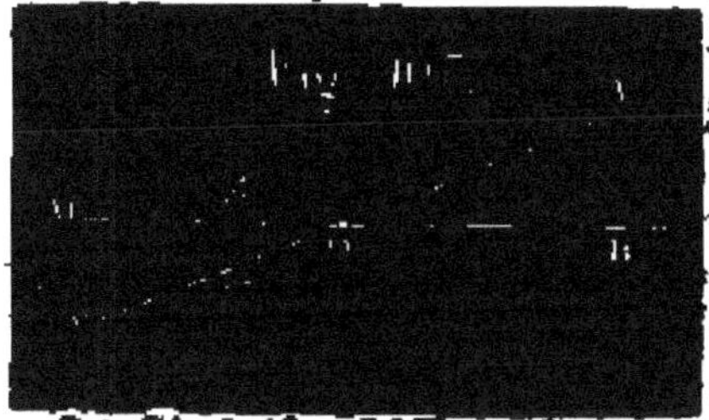

de un espejo cóncavo, el punto B, colocado sobre el eje principal, forma su foco en *b*, i el punto A su foco recíproco en *a*. Por consiguiente, la imájen *ab* será *inversa* i [illegible] que el objeto.

3.º Si *ab* (fig. 107) es el objeto iluminado, **AB** [illegible] imájen real inversa, i **mayor** que el objeto. En este [illegible] locándose en la direccion de los rayos reflejados, pode[illegible] una imájen cerca del objeto.

4.º Finalmente, si el objeto está situado en *ab* (fig. [illegible])

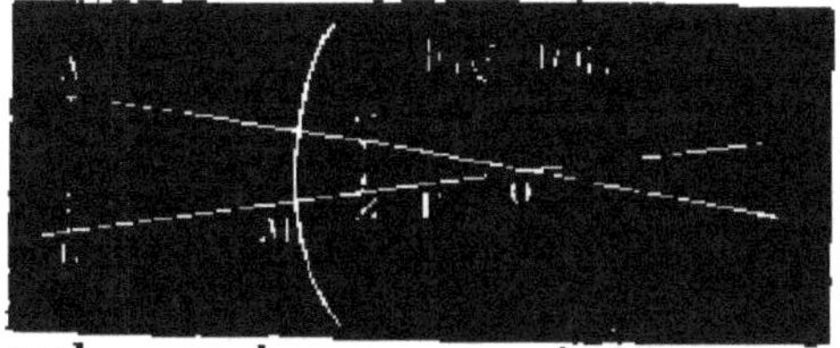

entre el foco principal i el espejo, el [illegible] forma un foco virtual en B, i el punto *a* su foco virtual en A. La imájen será, pues, virtual, recta i mayor que el objeto.

Observacion. Por esta razon, si uno se coloca delante de un espejo cóncavo, ve su propia imájen recta i abultada; alejándose, la imájen crece i se hace confusa; al llegar al foco principal desaparece, i al pasar el centro se la ve de nuevo, pero mas pequeña e inversa.

14. **Formacion de las imájenes en los espejos convexos.** Las imájenes en los espejos convexos son siempre virtuales, rectas i mas pequeñas que los objetos. Esto se ve en la fig. 108, en la cual supondremos que el espejo está pulimentado al esterior. **AB** será el objeto iluminado i *ab* su imájen.

15. **Reflexion irregular.** Cuando un hacecillo luminoso cae sobre una superficie, hai siempre una porcion de luz diseminada en todos sentidos al rededor de los puntos de incidencia, cuya porcion de luz es causa de que veamos la superficie reflejante. Esto es lo que constituye la *reflexion irregular*.

16. **Causas que influyen en la reflexion.** La

cantidad de luz que un cuerpo refleja, regularmente depende: 1.º De la naturaleza de su sustancia; 2.º de su grado de pulimento; 3.º del medio en que se halla el cuerpo; 4.º de la inclinacion en que los rayos luminosos hallan la superficie reflejante.

§ III. *Refraccion de la luz.—Dióptrica.*

1. Llámase *refraccion* el cambio de direccion que un rayo de luz esperimenta al pasar de un medio diáfano a otro, por ejemplo, del aire al agua, del aire al cristal, o recíprocamente. La parte de la óptica que se ocupa de la refraccion se llama *dióptrica*.

2. Cuando el rayo de luz es perpendicular a la superficie de separacion de los dos medios, continúa siempre su camino en línea recta; pero cuando es oblícuo se quiebra, i ya se aproxima, ya se aleja del punto de inmersion. En el primer caso, el segundo medio se dice *mas refrinjente* que el primero; en el segundo *ménos refrinjente*.

3. Se dice jeneralmente que el rayo *refractado* se aproxima a la normal cuando pasa de un medio *ménos denso* [illegible] *denso* i recíprocamente. Sin embargo, este enunci[illegible] siempre exacto, como lo prueba el aire atmosférico i [illegible]jeno.

4. **Comprobacion del fenómeno de la refraccion.** Poniendo una pieza de plata, un duro por ejemplo, *mm* en el fondo de un vaso ABCD (fig. 109), i colocándole uno de madera que sus bordes impidan ver la pieza, hasta llenar el vaso de agua para hacerle visible, pareciendo ademas haberse elevado. El ojo colocado en *o* la verá en la posicion *mm''*. Luego es absolutamente necesario que el rayo *mi* que hace visible el punto *m* en la direccion de la prolongacion de la línea *oi*, se haya quebrado en el punto de emerjencia, de manera que el rayo *emerjente oi* haga con la normal *i* un ángulo mayor que el rayo de incidencia *im*.—Este hecho esplica por qué un palo sumerjido en agua parece roto en el punto de inmersion.

5. **Leyes de refraccion** (1). 1.ª El rayo incidente i el rayo refractado están siempre en un mismo plano perpendicular a la superficie de separacion de los dos medios.

2.ª Cuando la incidencia varía, permaneciendo los mismos medios, la relacion del seno de incidencia al seno de refraccion permanece constante.—Este rayo se llama *índice* de *refraccion*.

3.ª En fin, cuando la luz *retrocede*, sigue las mismas direcciones en órden inverso.

6. **Refraccion al traves de un medio terminado por dos planos paralelos.** Cuando un rayo luminoso atraviesa un medio refrinjente terminado por dos planos paralelos, el rayo *emerjente* es siempre paralelo al rayo *incidente*.

7. **Refraccion al través de un prisma.** Cuando se miran al través de un prisma los objetos que les rodean iluminados por una luz difusa, se observa siempre: 1.° Una desviacion mas o ménos pronunciada; 2.° una viva coloracion en sus aristas.

8. **Desviacion producida por los prismas.** Sea ASB (fig. 110) una seccion principal de un prisma de cristal; LI un rayo incidente contenido en el plano de esta seccion.—El rayo refractado estará tambien contenido en él.—Para determinar su marcha levantemos en el punto I la normal IN a la cara SA.—El rayo refractado, debiendo aproximarse a la normal al pasar del aire al cristal, seguiria una direccion tal como IK dependiente de la incidencia del rayo i del índice de refraccion del cristal.—En el punto K de incidencia sobre la superficie SB levantemos la normal KN, el rayo emerjente al pasar del cristal al aire se apartará de la normal i tomará, por ejemplo, la direccion KE. Si prolongamos el rayo emerjente se encontrará en D

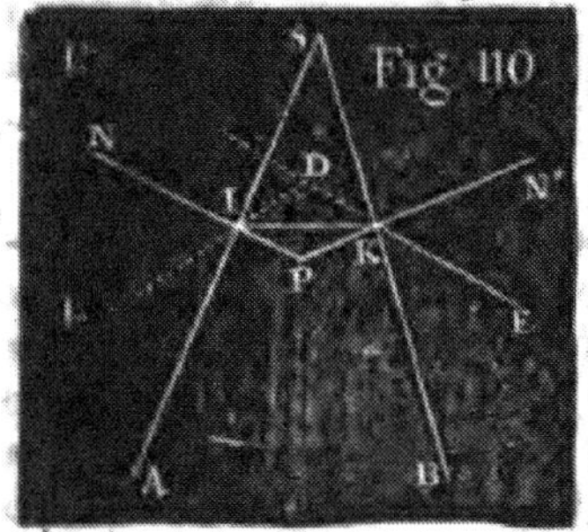

(1) Pueden comprobarse estas leyes por medio del aparato de Descartes.

el rayo incidente prolongado tambien, i el ángulo LDL formado por estas dos líneas constituirá la *desviacion*.

9. **Consecuencias.** 1.ª Cuando un rayo luminoso cae sobre un prisma, se *quiebra* i emerje aproximándose siempre a la base del prisma; o bien, cuando se mira un objeto cualquiera por medio de un prisma, se le ve siempre desviado en una cierta cantidad hácia el vértice del prisma. 2.ª Si la arista es horizontal i el vértice alto, los objetos vistos por refraccion son levantados por el prisma. 3.ª Si la arista es horizontal i el vértice bajo, los objetos estarán bajos. 4.ª Finalmente, si la arista es vertical, los objetos observados por medio del prisma permanecerán desviados a la izquierda, i desviados a la derecha si la arista es recta.

10. **Refraccion en un medio terminado por superficies curvas.—Lentes.**—Llámase *lente* en óptica la porcion de un cuerpo refrinjente terminado por dos superficies esféricas combinadas con una superficie plana.—Se les divide en dos clases, que comprende cada una tres combinaciones diferentes.

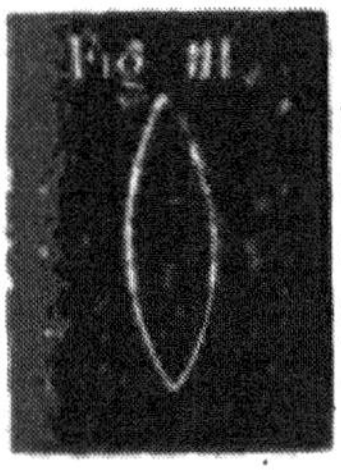

1.ª **Clase.—Lentes converjentes con bordes afilados i mas gruesos en medio.** 1.º Lente *bi-convexo* (fig. 111), terminado por dos porciones de esfera que se cortan, i cuyos centros están en una misma línea recta, llamada *eje principal*.

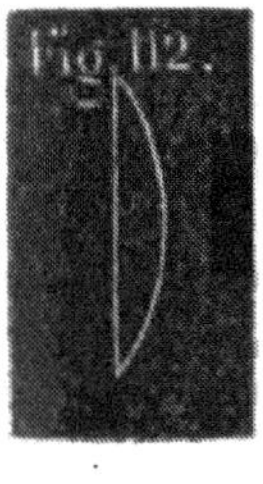

2.º Lente *plano-convexo*, terminado por un plano i una superficie esférica (fig. 112).

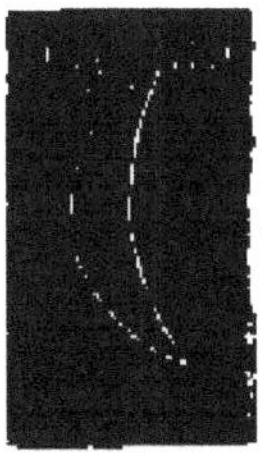

3.° *Menisco converjente*, especie de creciente formada por dos superficies esféricas, cuyo interior tiene una curva menor que el esterior (fig. 113).

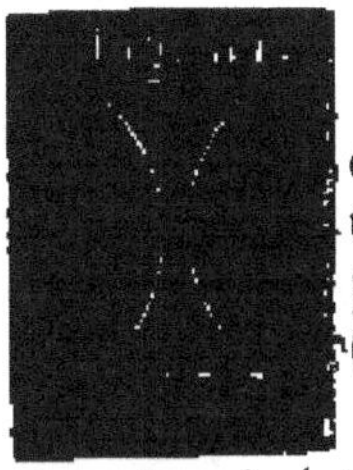

2.° Clase.—Lentes diverjentes, bordes anchos i más gruesos que el centro. 1.° Lente *bi-cóncavo*, formado de dos superficies esféricas opuestas por su convexidad (fig. 114).

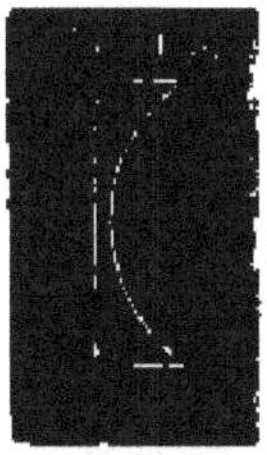

2. Lente *plano-cóncavo*, un plano i una superficie esférica (fig. 115.

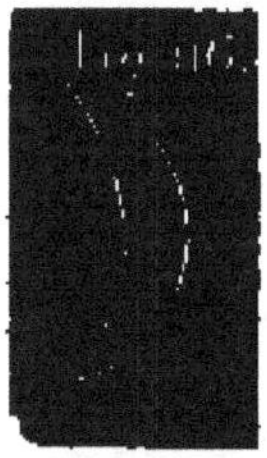

3.° *Menisco diverjente*, dos esferas, cuyo inferior tiene una curva mayor que el esterior (fig. 116).

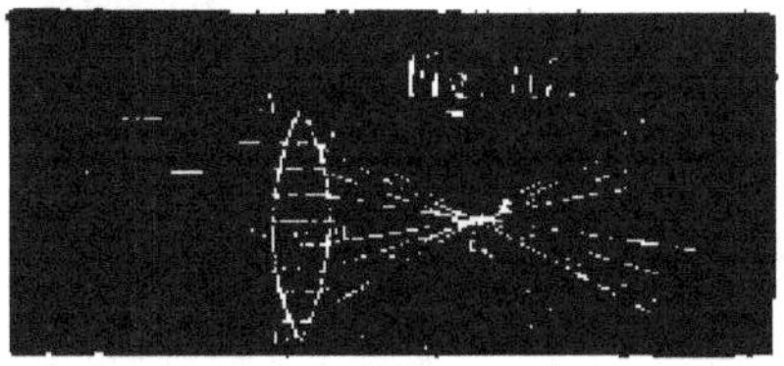

11. *La primera clase de lentes son converjentes* (fig. 117).

Demostracion. Consideremos un hacecillo de rayos luminosos que caen sobre un lente *bi-convexo* paralelamente a su eje principal. El rayo que caiga sobre el lente en la direccion de su mismo eje, penetrará i emerjerá en línea recta. Otro rayo, por ejemplo SI, penetrará i emerjerá como en un prisma. Lo mismo sucederá con los demas rayos, que todos despues de su refraccion irán á concentrarse hácia un mismo punto del eje principal. Serán, pues, converjentes.

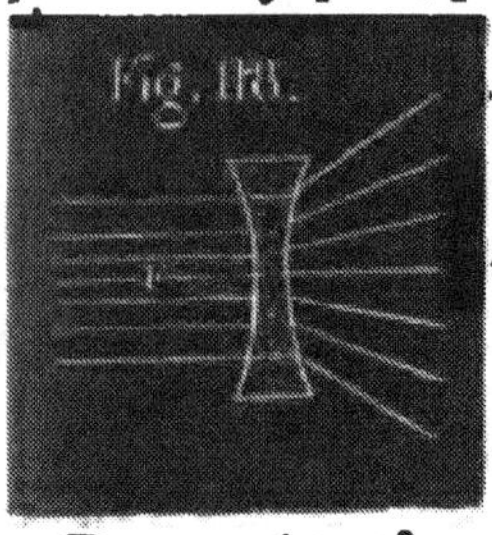

12. *La segunda clase de lentes son diverjentes* (fig. 118).

Demostracion. Considerando un lente *bi-cóncavo*, i un hacecillo luminoso cayendo sobre una de sus caras, podremos reemplazar la superficie [illegible] del lente por una infinidad de elementos planos tanjentes a esta superficie, que constituirán verdaderos prismas, cuyas aristas estarán vueltas hácia el centro del lente, i por consiguiente los rayos, despues de la refraccion se alejarán del eje principal, i el hacecillo refractado será diverjente.

13. **Focos en los lentes convexos.—Foco principal.** Si sobre un lente *bi-convexo* AB (fig. 117) hacemos caer un hacecillo de rayos paralelos a su eje principal, los rayos refractados irán al salir del lente a cortar este eje en el punto F, que se denomina *foco principal*.

Focos recíprocos. Si suponemos que los rayos que caen sobre el lente parten del punto L (fig. 119) situado sobre su eje, dichos rayos despues de su emerjencia cortarán al eje en su punto P, que será el *foco recíproco de* L.

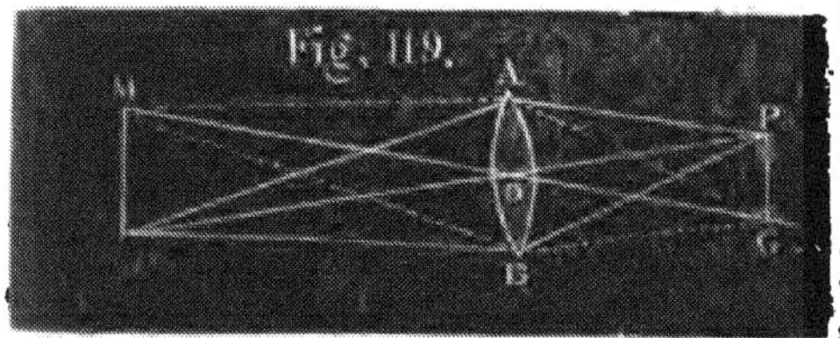

14. **Centro óptico.** Llámase así un punto interior O (fig. 117) que se halla en cualquier lente colocado sobre el eje principal, i que goza de la propiedad *que todo rayo lumi-*

noso incidente, que al refractarse pasa por H, emerje paralelamente a sí mismo.

15. **De las imájenes en los lentes conv[illegible]** Sea LM (fig. (119) un objeto iluminado colocado d[illegible] de un lente bi-convexo, el punto L formará su imájen [illegible] el punto M hará su foco en G sobre el eje óptico MG. [illegible]te objeto está mui lejano, su imájen será mas pequeña que el situado próximamente sobre el *foco principal*. Si el objeto LM se aproxima mas i mas al lente, su imájen, siempre real e inversa, se alejará agrandándose.

Finalmente, supongamos el objeto *ab* (fig. 120) entre el foco principal i el lente: en este caso los rayos refractados emerjen en direcciones diverjentes, i cada punto del cuerpo iluminado da oríjen a un foco virtual colocado detras de sí sobre el eje óptico que le corresponde, i la imájen producida detras del lente será recta i mui amplificada.

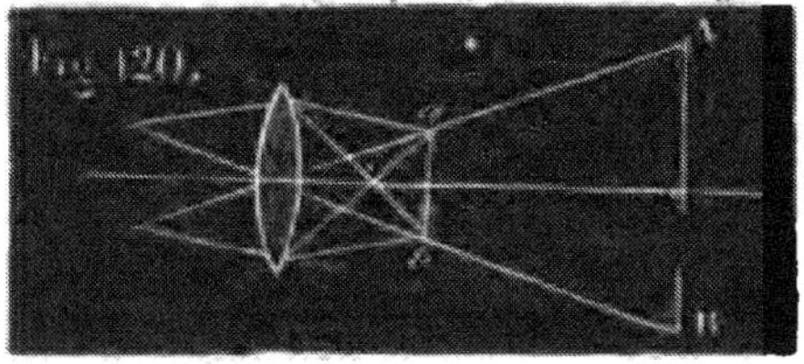

Fig. 120.

16. **Focos e imájenes en los lentes cóncavos.** 1.° Los rayos incidentes, siendo paralelos al eje principal, el hacecillo emerjente está compuesto de rayos diverjentes, pero que prolongados detras del lente se encuentran en un punto F (fig. 118), que es su *foco principal virtual*. 2.° Todos los demas focos serán siempre virtuales. 3.° Las imájenes serán tambien virtuales, rectas i menores que los objetos.

§ IV. *Dispersion de la luz.*

1. La descomposicion que los prismas i los lentes hacen sufrir a la luz blanca del sol, o a la luz difusa que los cuerpos iluminados radian en todos sentidos, se denomina *dispersion de la luz*.

2. **Descomposicion de la luz blanca.—Primer principio.—Espectro solar.** *La luz blanca del sol no es una luz simple i homojénea, sino una luz compuesta de una infinidad de rayos diversamente coloreados, entre los cuales se distinguen siete colores principales.*

Demostracion. Al postigo de la cámara oscura se adapta un *porta-luz* (1), i se hace penetrar en lo interior de la cámara por un orificio de 4 o 5 milímetros de diámetro un pequeño hacecillo de rayos solares, que recibidos sobre una pantalla, pintan en ella una *imájen blanca i redonda del sol*. Pero si delante i a corta distancia del orificio se coloca un prisma de cristal (fig. 121), el hacecillo incidente se refracta i proyecta sobre la pantalla *una imájen prolongada* en sentido vertical i mui coloreada, a que se ha llamado

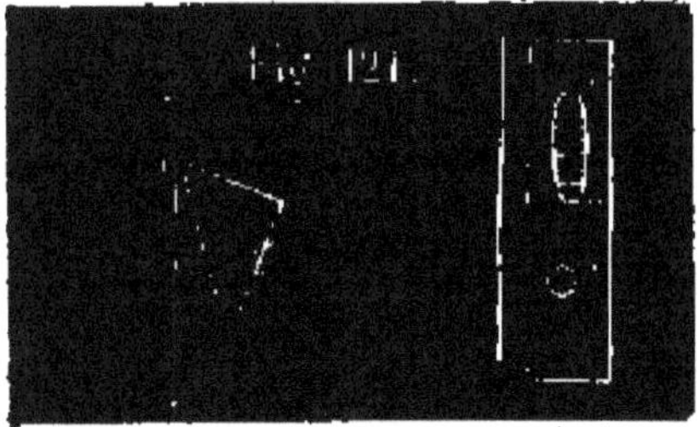

Espectro solar. El espectro termina siempre lateralmente en dos rectas paralelas i en sus dos estremidades por dos semi-circunferencias.

Siete colores del espectro. Cuando el espectro está bien desarrollado, se distinguen fácilmente siete matices principales, que se suceden en el órden siguiente, yendo de arriba abajo: *violado, índigo, azul, verde, amarillo, anaranjado, rojo.*

Observacion. Estos colores se confunden unos con otros por degradaciones insensibles; por manera que si la vista no distingue en el *espectro solar* mas que siete matices bien distintos, es sin embargo evidente que debe haber una infinidad.

3. **Segundo principio.** *Los rayos diversamente coloreados del espectro solar son diversamente refranjibles i esta diferencia de refranjibilidad es en sí misma la causa de la descomposicion de la luz blanca.*

Demostracion. Este principio puede deducirse fácilmente de la misma forma que presenta el espectro. Efectivamente, en el hacecillo incidente los rayos *rojos, violados*..... que componen el hacecillo de luz blanca, son paralelos i caen sobre el prisma con la misma incidencia. Al salir del prisma se separan i los rayos violados van a proyectarse en la parte superior del espectro, i los rayos rojos a la parte mas baja. Esta

(1) Espejo plano, movible en todos sentidos, i destinado a reflejar los rayos solares en cualquier direccion.

designaldad en los ángulos de emerjencia, prueba evidentemente que los rayos violados tienen una refranjibilidad mayor que los rayos rojos.

Los rayos verdes, que ocupan la parte media del espectro, tienen forzosamente un grado de refranjibilidad intermedio. Si todos los rayos fuesen igualmente refranjibles, serian paralelos despues de su emerjencia como ántes, el hacecillo permaneceria blanco, al salir del prisma, i la luz no se descompondria. Esperiencias directas prueban esta misma [illegible]

4. **Consecuencia.—Esplicacion de la forma i de la jeneracion del espectro.** Una vez admitidos los dos principios precedentes, es sumamente fácil esplicar la forma i jeneracion del espectro. En efecto, supongamos que hayamos aislado un solo rayo de luz blanca, i que le recibimos sobre un prisma horizontal. Los rayos elementales de los colores gradualmente cambiantes que le componen, i que son desigualmente refranjibles, irán despues de su emerjencia a dibujar sobre una pantalla su imájen circular correspondiente, cuyo centro estará tanto mas elevado cuanto mas refranjible sea el rayo considerado. Pero variando la refranjibilidad de una manera insensible, todos los círculos coloreados tomarán unos de otros, se recubrirán en parte, i resultará una efusion de colores sin línea de demarcacion distinta. La forma cilíndrica del espectro, es pues, necesaria en esta jeneracion, forma que afecta el espectro en definitiva.

5. **Tercer principio.** *Los colores elementales que componen el espectro solar son colores simples o inalterables.*

Demostracion. Sometiendo aisladamente los rayos de cada color a todas las acciones posibles, la luz permanece siempre la misma. Por ejemplo: un hacecillo de rayos rojos, aunque atraviese otros prismas, siempre se presenta con matices rojos. La refraccion tampoco les altera. En efecto, háganse caer los rayos rojos sobre un cuerpo cualquiera, verde, azul, amarillo. Este cuerpo, iluminado entónces por los rayos rojos, aparecerá rojo, perdiendo enteramente el color primitivo.

Observacion.—Verdadera causa de la coloracion de los objetos. Para concebir esta última esperiencia, es necesario suponer que la luz es la verdadera causa de la coloracion de los objetos; puesto que los cuerpos que no son luminosos no tienen color propio, i no hacen mas que reflejarnos, descomponiéndole una parte de la luz blanca que les ilumina. Si los diferentes cuerpos nos parecen cada uno de un color determinado, es únicamente porque nos envien mas abundantemente los rayos, ya simples, ya compuestos, cuya reunion produce en el órgano de la vista la sensacion de esta especie de color. Por consiguiente, cuando se les espone a una luz simple, no teniendo que reflejar mas que una sola especie de rayos, es forzoso que aparezca de su mismo color, que será el propio de los rayos que los iluminan.

6. **Recomposicion de la luz blanca.** *Puede recomponerse la luz blanca volviendo al paralelismo todos los rayos que forman el espectro solar, o haciéndoles concurrir en un mismo punto.*

Demostracion. 1.ª *parte. Volver el paralelismo a los rayos del espectro.* Recibiendo el hacecillo luminoso refractado sobre otro prisma de igual sustancia i ángulo refrinjente que el primero, pero vuelto en sentido inverso, obtendrá mas el paralelismo de los rayos i el hacecillo luminoso coloreado entre los dos prismas es de una blancura perfecta al salir del segundo.

2.ª *parte. Hacer concurrir en un mismo punto los rayos coloreados.* Haciendo caer sobre un grande espejo cóncavo un espectro solar, se reconocerá por medio de una pantalla que todos los rayos concentrados en el foco del espejo forman en él una imájen perfectamente blanca del sol.

7. **Objetos vistos por medio de los prismas.** Analizando las diferentes luces artificiales por medio de prismas se reproduce siempre un espectro como el color, con la sola diferencia que los matices del espectro aparecen jeneralmente teñidos con el color de la llama que se mira.

Los colores naturales de los cuerpos están sometidos al mismo análisis. Son jeneralmente compuestos. Si el color es blanco, se reproducirá el espectro con todos sus matices. Si el objeto es negro, no hai coloracion, puesto que el negro no es mas que la absorcion de todos los colores. Finalmente, mirando al través de un prisma un objeto amarillo, azul, rojo.... si estos colores son simples como los del espectro, el prisma no los descompone; pero si estos colores provienen de mezclas, el prisma separará los colores elementales que las comtituyen. Por este medio se ha observado que todos los cuerpos de la naturaleza tienen un color compuesto.

8. **Acromatismo.** Llámase así el procedimiento por el cual se dispone un prisma o un lente de manera que desviando los rayos luminosos no les descomponga.

9. **Rayos del espectro.** Mirando con un microscopio un espectro solar bien puro, se distinguen una multitud de pequeñas rayas negras. Fraünhofer, su descubridor, las denominó *rayas del espectro.*—La luz eléctrica produce rayas brillantes en lugar de rayos oscuros.

10. **Distribucion del calor en el espectro.** M. Seebeck ha observado: 1.° que el calor en los rayos del espectro solar comienza a presentarse en los rayos violados; 2.° que el calor aumenta gradualmente hasta cierta banda colocada hácia los rayos rojos; 3.° que a partir desde este punto, el calor disminuye progresivamente i se estingue totalmente a cierta distancia.

11. **Propiedades químicas del espectro solar.** La influencia de los rayos del espectro solar en las acciones químicas reside principalmente en los rayos violados i en los próximos a ellos.

12. **Consecuencia.** Dedúcese de lo que precede que en un mismo hacecillo de luz se hallan *rayos luminosos, rayos caloríficos* i *rayos químicos.*

§ V. *De la vision.*

1. **Estructura del ojo.** El órgano de la vista en el hombre se compone de dos partes: las unas accesorias, las otras necesarias a la vision.

2. Las primeras son la *órbita*, los *músculos*, la *conjuntiva*, los *párpados* i el *aparato lacrimal.*

3. Las segundas son la *esclerótica*, que forma lo blanco del ojo; la *córnea trasparente*, membrana diáfana i en forma de segmento esférico; el *iris*, tabique vertical colocado detras, i con un orificio en su centro, dicho *pupila*; el *cristalino*, pequeño lente trasparente de forma circular, i el *nervio óptico*,

que viene del cerebro, i cuyas ramificaciones delicadas forman en la parte posterior del globo del ojo la *retina*, donde se pintan las imájenes de los objetos. Detras de esta hai una membrana negra dicha *coroidea*.—El cristalino divide el globo del ojo en dos cámaras, la una *anterior*, que está llena de un humor acuoso, i la otra posterior, por otro humor llamado *vítreo*.

4. **Marcha de los rayos luminosos en el ojo** (fig. 122). Consideremos un punto luminoso colocado a cierta distancia delante del ojo i sobre su eje. El hacecillo de luz que emite sobre el globo ocular podrá dividirse en tres partes: los rayos esteriores caen sobre lo blanco del ojo, i son irregularmente reflejados en todos sentidos; una parte de los rayos interiores que atraviesan la córnea trasparente es detenida por el iris cuyo contorno ilumina; i finalmente, el hacecillo central, despues de esperimentar un principio de converjencia al refractarse sobre el humor acuoso, entra por la pupila, cae sobre el cristalino, por quien es refractado como por un lente bi-convexo, i viene, despues de sufrir la última refraccion en el humor vítreo, a concentrarse definitivamente sobre un mismo punto situado sobre la retina.—Otro punto luminoso colocado fuera del eje principal formará sobre el eje secundario que le corresponde un foco semejante i una imájen.—Lo mismo sucederá con todos los puntos de un objeto luminoso; por manera que en el fondo del ojo se pintará una imájen inversa, que presentará todos los colores i contornos del objeto iluminado. Cuando el objeto está colocado a una distancia conveniente, su imájen se forma exactamente sobre la retina.

Fig. 122.

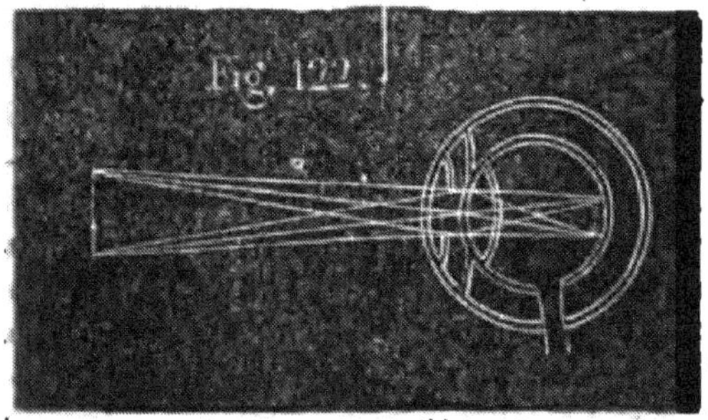

5. **Esperiencia que demuestra la marcha de la luz en el ojo.** Adelgazando la esclerotica de la parte posterior de un ojo de buei o de conejo albino frescamente preparado, i colocando delante i a alguna distancia de la córnea trasparente la llama de una bujía, se ve, mirando por de-

tras, dibujarse sobre la retina una pequeña imájen inversa de la luz.

6. **Consecuencias.** 1.ª Es indudable que el ojo está acromatizado, puesto que nos presenta las imájenes perfectamente claras; pero no es fácil hallar la causa de este acromatismo.—2.ª Puesto que en la vista la claridad de las imájenes es independiente de las distancias, es necesario que el todo de nuestro órgano este conformado de manera a trasformarse, segun lo exije la necesidad, en un lente mas o ménos converjente, cuyo foco se forma siempre sobre la retina.

7. **Distancia de la vista distinta.** Llámase así aquella por la cual la vision se efectúa con ménos esfuerzo i mas claridad.—En las personas que están dotadas de una buena vista, esta distancia es próximamente de diez pulgadas.

8. **Miopía i presbiticia.** Sin embargo, hai personas que tienen la vista *mui larga* i se dicen *presbites*. Estos no leen una pájina sino a dos o tres pies de distancia.—En esta enfermedad, que se llama *presbiticia*, se cree depende este defecto del achatamiento de la córnea i del cristalino, porque los rayos emanados cerca del ojo no converjen lo suficiente i forman su foco fuera de la retina.—Hai otros que, por el contrario, tienen una vista mui corta, i se dicen *miopes*, i a esta enfermedad *miopia:* solo distinguen los objetos a cinco o seis pulgadas a lo mas. Atribúyese este defecto a una grande convexidad en la córnea i el cristalino, por lo cual los rayos converjen demasiado, i forman su foco delante de la retina.

9. **Anteojos i lentes.** Instrumentos de que se sirven los presbites i los miopes para tener una vista distinta. Los primeros emplean vidrios convexos, los segundos vidrios cóncavos.

10. **Esplicacion de algunas particularidades de la vision.—Imájenes inversas sobre la retina.** Aunque sobre la retina las imájenes aparecen inversas, nosotros juzgamos los objetos rectos; i nada hai de sorprendente en este hecho. En efecto, basta notar que nuestro cuerpo tiene su imájen inversa en la retina, i como los demas objetos sufren este mismo efecto, es evidente que nosotros debemos verlas en su verdadera posicion relativa. Entónces la conciencia que tenemos de nuestra propia posicion por el sen-

tido del tacto determina la sensacion que nos hace ver los objetos rectos.

11. **Unidad de impresion en los dos ojos.** Aunque al ver un objeto se forma su imájen a un mismo tiempo en ambas retinas, nosotros no vemos mas que un solo objeto, lo que pende del hábito adquirido por el sentido del tacto.

12. **Angulo óptico.—Apreciacion de las distancias.** Llámase *ángulo óptico* el formado por los ejes ópticos de los dos ojos, cuando se dirijen hácia un mismo punto. A la manera que el punto considerado se aleja o se acerca, o que nosotros nos alejamos o acercamos a él, el ángulo óptico disminuye o aumenta. El sentimiento que tenemos de los movimientos impresos a nuestros ojos para fijar sus ejes ópticos sobre un punto mas o ménos lejano, es uno de los elementos esenciales que nos sirven para jugar las distancias de los objetos. Cuando los objetos están lejanos, los ángulos ópticos correspondientes se hacen cada vez mas pequeños i escapan a la comparacion. Nosotros apreciamos entónces la distancia de los objetos por la intensidad mas o ménos grande de la luz que nos envian, cuya base no es exacta por las variaciones que sufre el brillo de la luz en los cambios atmosféricos.

13. **Angulo visual.—Apreciacion de los tamaños.** Llámase *ángulo visual* el formado por las líneas rectas que saliendo de los estremos opuestos de un objeto vienen a cruzarse en el centro de la pupila. Los dos rayos correspondientes refractados por el cristalino forman al entrar en el humor vítreo un segundo ángulo opuesto al primero, cuya base es el tamaño de la imájen proyectada por la retina. El ángulo visual mide el tamaño aparente de los cuerpos. Cuando es mui pequeño, crece i decrece sensiblemente, lo mismo que el diámetro aparente en razon inversa de las distancias del objeto al ojo.

§ VI. *Instrumentos de óptica.*

Cámara clara. Este instrumento ha sido imajinado por Wollaston para obtener un dibujo fiel de un paisaje. Su parte esencial es un prisma cuadrilateral (fig. 123). Una de las caras que forma el ángulo recto A es vertical, i está vuelta hácia los objetos. Los rayos luminosos que envia penetran por esta cara AD en el prisma, sufren una primera reflexion total sobre la cara inclinada DB, otra segunda sobre la cara BC, i vienen finalmente a salir casi verticalmente por la cara horizontal muí cerca del vértice C del ángulo agudo. Si un observador tiene el ojo colocado encima de este ángulo, en una posicion tal que su pupila esté próximamente dividida en dos partes iguales, recibirá una parte del hacecillo emerjente, que formará una imájen de los objetos, i al mismo tiempo la punta del lapicero en la cual podria dibujar los contornos de la imájen sobre un carton blanco colocado a la distancia de la vision distinta. Delante del prisma se coloca un lente bi-convexo a fin de que los rayos tomen el grado de diverjencia necesario para que el dibujante vea exactamente la imájen i la punta del lapiz sobre un mismo punto.

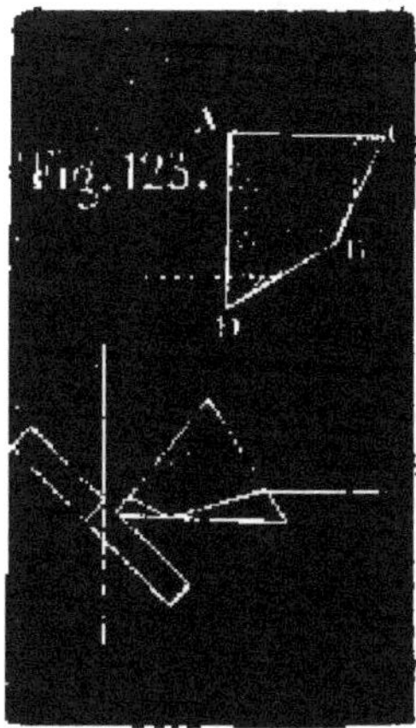

M. Amici sustituyó al prisma cuadrilateral una lámina de vidrio inclinada i de caras paralelas (fig. 123), i de un prisma triangular cuya hipotenusa está vuelta hácia abajo, i la otra cara es perpendicular a la lámina. Los rayos luminosos emitidos por los objetos caen sobre la cara que está vuelta hácia ellos, penetran en el prisma refractándose, sufren en la hipotenusa una reflexion total, salen del prisma, sufren una segunda reflexion sobre la lámina, i llegan casi verticalmente al ojo, que ve proyectarse la imájen de los objetos sobre el carton dispuesto para dibujarlos.

2. **Cámara oscura.** Es un aparato destinado a producir sobre un cuadro una imájen reducida de los objetos esteriores. Se reciben los rayos luminosos sobre un espejo plano, desde donde son reflejados sobre un lente

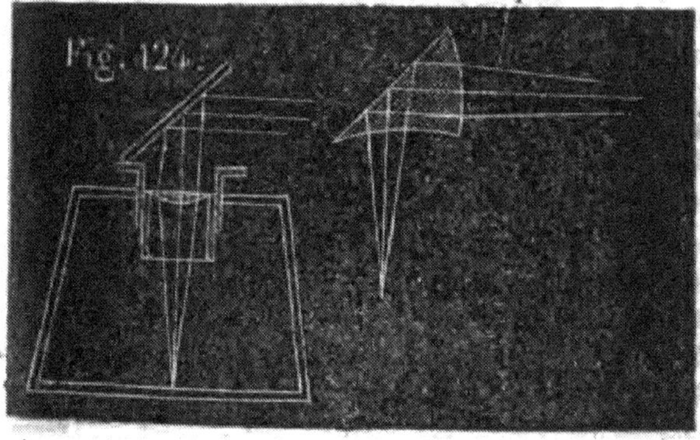

Fig. 124.

converjente colocado en la pared superior i horizontal de una caja de madera (fig. 124). Los rayos que penetran por este se refractan i concentran sobre el cuadro destinado a recibir las imájenes. Formas, contornos, tintas i medias tintas, colores, perspectiva aérea, todo se reproduce con admirable verdad.

Se ha sustituido con ventaja a la combinacion del espejo i del lente converjente un *prisma menisco* que hace veces de ambos, como se ve en la figura 124.

3. **Dibujos fotográficos.—Daguerreotipo.** M. Daguerre en 1839 halló el medio de *fijar* sobre el cuadro los dibujos producidos en él por la cámara oscura.—El aparato de M. Daguerre, llamado *daguerreotipo*, no reproduce los colores; pero sí deja impresos sobre el cuadro hasta los mas minuciosos detalles del objeto.—Este descubrimiento consiste principalmente en la preparacion de la lámina metálica que ha de recibir la impresion de los rayos luminosos.

4. **Linterna májica.** Los efectos de la linterna májica son bien conocidos, i se obtienen por medio de una combinacion mui sencilla de lentes converjentes.—La luz de una lámpara P es reflejada por un espejo

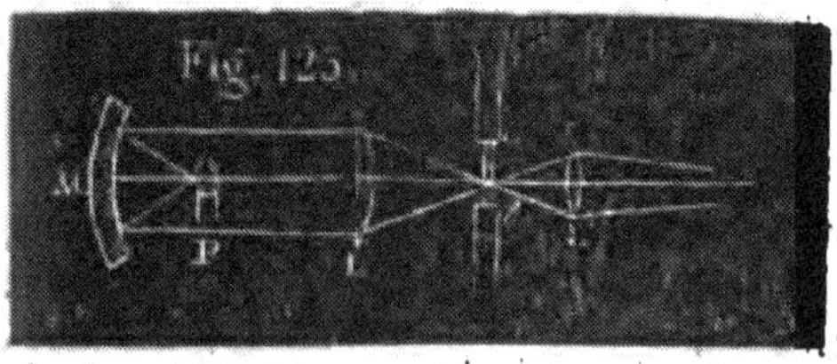

Fig. 125.

cóncavo M (fig. 125), sobre un lente convexo L, que concentra los rayos en un objeto *ab*, que consiste jeneralmente en un dibujo trazado sobre una lámina de cristal. Este objeto está colocado en otro lente converjente L' a una distancia mayor que su distancia focal principal. Este último lente forma sobre una pantalla convenientemente dispuesta una imájen [illegible] versa i aumentada del objeto iluminado. No debe dejar penetrar en la cámara donde se hace la esperiencia otra luz que la que ha de contribuir al fenómeno.

5. **Fantasmagoría.** La *fantasmagoría* no consiste mas que en una linterna májica en la cual los objetos i el cuadro reciben movimientos simultáneos, combinados de manera que la pantalla esté siempre colocada exactamente en el foco donde ha de formarse la imájen. El objeto, lejano en un principio del lente, aproximándose por grados, su imájen aparece primero en un punto mui distante, luego se agranda i parece precipitarse sobre los espectadores.

6. **Microscopio solar.** La teoría de este instrumento es la misma que la de la linterna májica. Los rayos del sol reflejados por un espejo plano, colocado delante de la cámara oscura, caen sobre un lente convexo A, que les imprime un cierto grado de converjencia, son recibidos sobre otro lente B, que les concentra en su foco, en cuyo punto se coloca el pequeño objeto cuya imájen quiere verse i que tiene delante de sí otro lente converjente C, que se llama el *objetivo*, [illegible] pinta sobre un cuadro lejano una imájen mui amplificada del objeto (fig. 126).

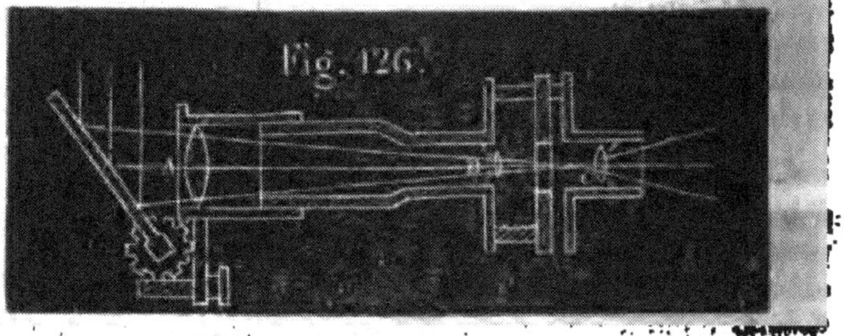

7. **Aplicaciones.** Por medio de este aparato pueden observarse las alas de los insectos, los animales infusorios, la cristalizacion de las sales, los glóbulos de la sangre i una infinidad de cuerpecillos cuyos detalles son del mayor interes.

8. **Microscopio simple.** Cuando se quieren observar

objetos mui pequeños, como los estambres de las flores, los órganos de un insecto, etc., se hace uso jeneralmente de un lente converjente de un foco mui corto, a que se llama *microscopio simple.*

9. **Microscopio compuesto.** Este instrumento cuyo objeto es hacer visibles los mas minuciosos detalles de los objetos, consiste esencialmente en dos lentes converjentes. El uno A (fig. 127), colocado delante del objeto a una distancia poco mayor que su distancia focal, se llama *objetivo*, i forma una imájen real, inversa i abultada, del objeto. La segunda B, llamada *ocular*, es un microscopio simple por el cual se ve la imájen amplificada PQ, que debe estar colocada a una distancia tal que la imájen definitiva P'Q' sea vi ual, i alejada del ojo del observador una cantidad igual a latdistancia de la vision distinta.

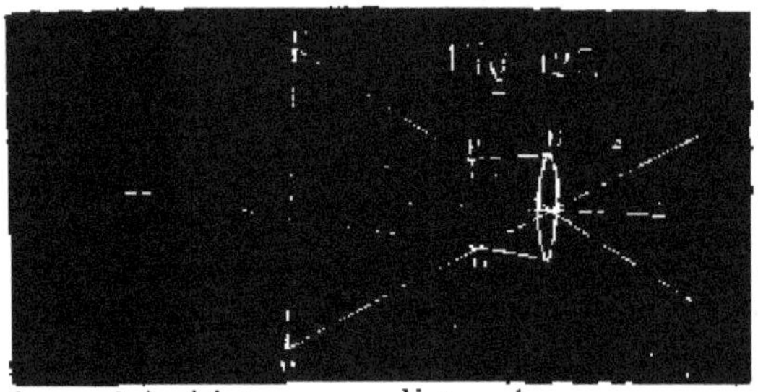
Fig. 127

Microscopio compuesto de Amiel. Este aparato está representado en la (fig. 128). El objeto que se quiere observar se coloca sobre MM' debajo del objetivo A. Los rayos que emite se elevan verticalmente, son refractados por el objetivo, recibidos por un prisma triangular, penetran por su cara horizontal, sufren una reflexion total sobre su hipotenusa, i emerjen por la cara vertical para ir a formar delante del ocular B la imájen amplificada del cuerpo sometido a la esperiencia.

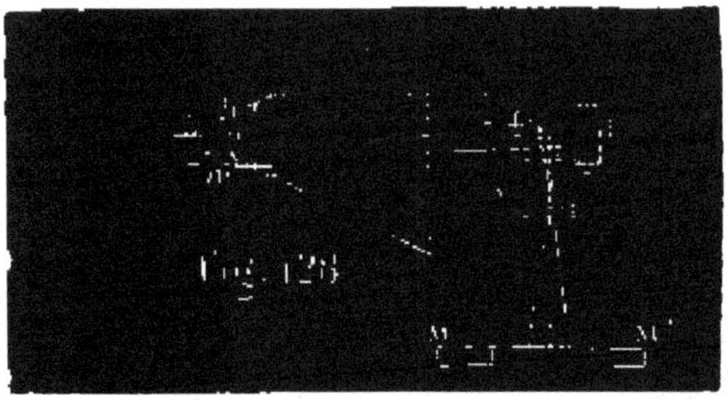
Fig. 128

11. **Anteojos.** Los *anteojos* están destinados a ver los objetos lejanos.

12. **Anteojo astronómico.** Este anteojo se compone de dos lentes converjentes, el *objetivo* i el *ocular* (**fig. 129**).

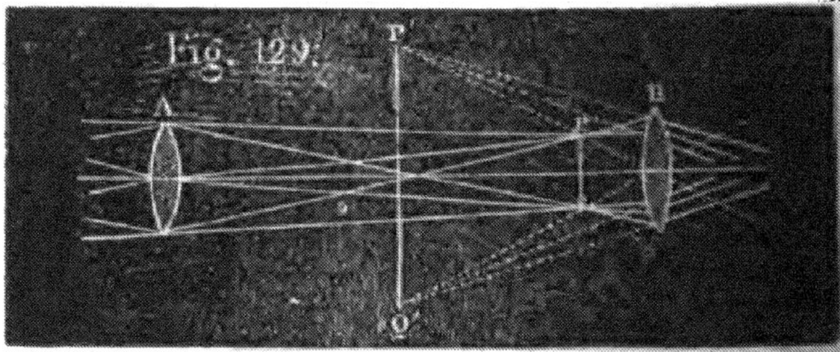

El *objetivo* es un lente convexo A, de foco mui largo, i que forma en su foco principal una imájen inversa de los astros. El *ocular* es un lente converjente B, por medio del cual se ve la imájen como en los microscopios.

Anteojo de Galileo. En este anteojo el objetivo A es siempre un vidrio converjente i el ocular B uno diverjente. — Si el ocular no opusiera un obstáculo, los rayos luminosos emitidos por un objeto lejano formarian la imájen inversa del objeto en PQ, foco del objetivo. Pero el ocular se interpone, impide que los rayos concurran en PQ, i les imprime una diverjencia tal que resulta una imájen virtual recta en P'Q' (fig.130).

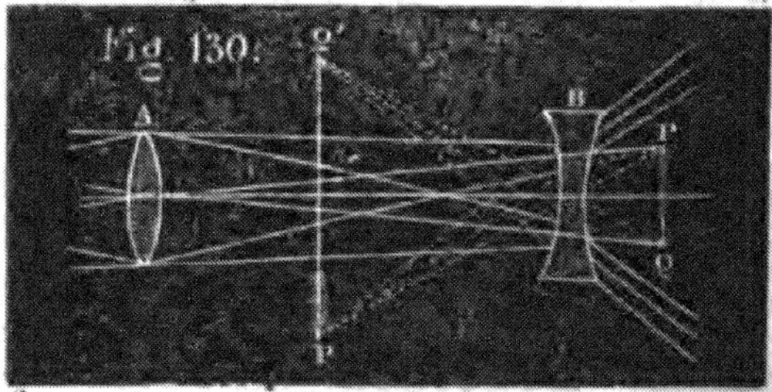

14. **Anteojo terrestre.** Este aparato se compone esencialmente de cuatro vidrios converjentes. El objetivo A (fig. 131) forma en PQ una imájen inversa del objeto lejano. Los rayos que produce esta imájen, continuando su camino, caen sobre otro vidrio converjente B, cuyo foco coincide sensiblemente con el lugar de la imájen. Emerjen entónces, formando hacecillos próximamente paralelos al eje óptico correspondiente al punto de la imájen de que emanan. De aquí el cruzamiento de los rayos delante del lente B.—Son entónces recibidos por el tercer lente C, cuyo foco principal está colocado en el punto de cruzamiento H, i que forma del otro lado una imájen P'Q' recta que se ve amplificada por el ocular D.—Los dos vidrios intermedios, únicamente destinados a hacer la imájen recta, están fijos en su mismo tubo i a una distancia invariable.—El objetivo está colocado al estremo de un tubo móvil de modo que se puede aproximar o alejar de B, segun la distancia del objeto, a fin de que forme siempre su imájen en el foco F.—Finalmente, el ocular D es tambien móvil, porque la diverjencia que imprime a los rayos luminosos de la segunda imájen P'Q' debe estar en armonía con la vista del observador.

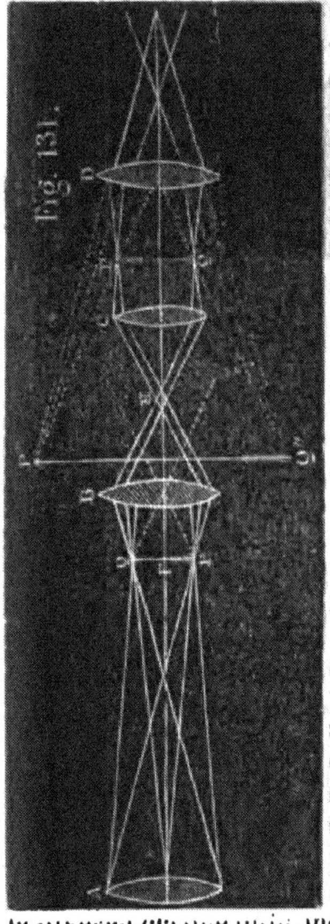

15. **Telescopio de Herschell.** Este aparato consiste en un gran espejo cóncavo, cuyo eje se dirije a objetos mui lejanos, que forman su imájen inversa en el foco principal, i que se observa por medio de un lente de foco corto.

61. **Telescopio de Newton.** En este aparato el espejo cóncavo está colocado en el fondo de un tubo, cuyo eje está vuelto hácia el objeto que se observa. Los rayos que, emanados de este objeto irian, despues de la reflexion, a formar su imájen en *ab*, son recibidos ántes de su punto de concurso sobre un pequeño espejo plano inclinado 45° al eje del reflector, que arroja lateralmente en *a'b'* la imájen en *ab* delante de un lente destinado a amplificarla (fig. 132).

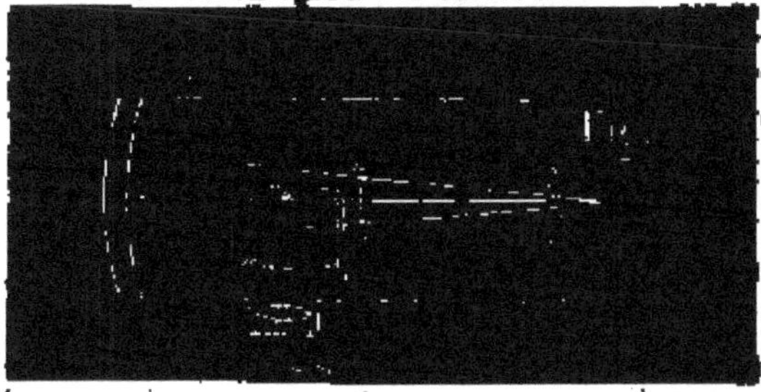

Telescopio de Gregory. El espejo cóncavo de este aparato tiene en su centro un orificio circular a que se adapta un tubo que lleva el ocular.—Los rayos que por una primer reflexion sobre el espejo MN forman en su foco la imájen *ab*, son recibidos sobre otro espejito cóncavo, colocado de manera que la imájen inversa *ab* esté entre su foco principal *f* i su centro *o*.—Entónces sus rayos vienen despues de una segunda reflexion a formar delante de este espejito otra nueva imájen recta i aumentada, que se percibe por medio del ocular (fig. 133).

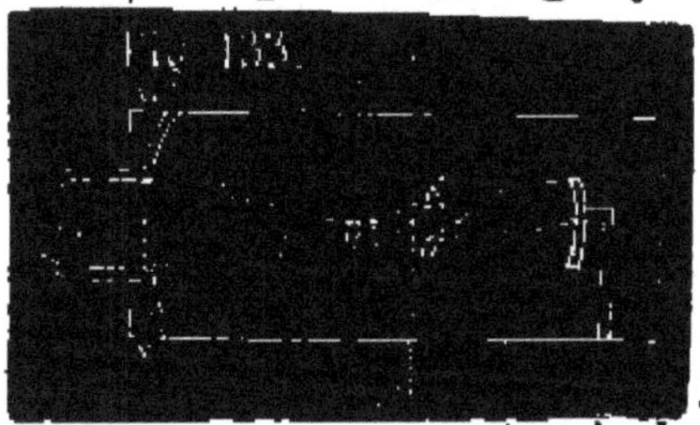

18. **Telescopio de Casaigrain.** Al espejito cóncavo del telescopio que acabamos de mencionar sustituye Casaigrain otro convexo que recibe los rayos luminosos ántes de su punto de concurso entre el gran reflector i su imájen *ab*.

5.ª SECCION.—METEOROLOJIA.

§ I. *Preliminares.*

1. **Llámase** *meteorolojía* a uno de los ramos de la física,

que se ocupa del estudio de los fenómenos que se producen ya a cada instante, ya a intervalos mas o ménos lejanos en el globo terrestre i en la atmósfera que le circuye.

2. Los fenómenos meteorolójicos son relativos ya a las propiedades del aire atmosférico, ya al calor, magnetismo i electricidad.

§ II. *Variaciones barométricas.—Vientos.*

1. En un mismo punto i a la misma latitud, la altura barométrica puesta a la temperatura normal de 0° cambia continuamente ya con el estado de la atmósfera, ya con la hora del dia. Estas variaciones son de dos especies: las unas *accidentales* i las otras *regulares*.

2. **Variaciones accidentales.** Llámanse así las que esperimenta el barómetro en nuestros climas...... Lo que conviene observar es la *altura media* para cada dia, para cada mes, para cada año i para un largo período de años. En el observatorio de Paris, por ejemplo, se hacen cada dia cuatro observaciones barométricas: la una a las nueve de la mañana, la segunda al medio dia; las dos últimas a las tres i a las nueve de la tarde. La altura observada al medio dia es, segun las observaciones de M. Ramon, *la altura media del dia*. La *altura media* del mes se obtiene sumando las alturas medias de los treinta dias de que se compone, i tomando la 30ª parte de la suma. Dividiendo por 12 la suma de las alturas medias del mes, tendremos la *altura media del año*. La altura media del barómetro varía con la posicion de los lugares, su latitud i elevacion sobre el nivel del mar. Ademas en un mismo pais el barómetro se halla en una oscilacion continua encima i debajo de la altura media del año. En estas variaciones accidentales se deprime a veces a poco tiempo muchos milímetros, i presenta otras ascensiones considerables. Estas variaciones barométricas disminuyen progresivamente de los polos al ecuador.

3. **Variaciones regulares u horarias.** Llámanse así las que esperimenta el barómetro en toda la zona ecuatorial, donde cesan completamente las irregulares. *Las variaciones horarias* han sido observadas con mucha exactitud por M. de Humboldt. Segun este observador, el barómetro llega

a su mayor altura a las 9 de la mañana; pasada esta hora baja regularmente, llega a las doce a su altura média, i a su elevacion mínima a las cuatro de la tarde. Desde entónces sube hasta las 11 de la noche, en que llega a su segunda altura máxima, baja hasta las 4 de la mañana, su segunda altura mínima, i vuelve a comenzar su período ascendente.

4. **Influencia del aire atmosférico sobre el barómetro.** En el ecuador ninguna circunstancia atmosférica altera la perfecta uniformidad de las variaciones diurnas del barómetro; pero en nuestros climas parece fuera de toda duda que a la aproximacion de un huracan el barómetro baja mucho i que esperimenta durante él grandes oscilaciones. La direccion del viento parece influye tambien sobre el barómetro, subiendo con los vientos del sur i del sur-oeste, i bajando con los del norte i nordeste. Aunque siendo la densidad del vapor de agua $\frac{5}{8}$ del aire, debe bajar el barómetro cuando este vapor aumenta en la atmósfera, no siempre sucede así, i la influencia de la lluvia en el barómetro es mui irregular.

5. **De los vientos.** El viento consiste en el cambio de lugar mas ó ménos rápido de una parte de la atmósfera.

6. **Causas principales de los vientos.** Las dos causas principales de los vientos son el calor i la lluvia. En efecto, si una parte de la superficie del globo se calienta demasiado, resultará una gran dilatacion en las capas de aire que descansan sobre ella. Estas capas disminuyendo de densidad se elevarán hácia las rejiones superiores, i serán reemplazadas por el aire frio que afluirá de las partes laterales. Si una gran cantidad de vapor esparcido en la atmósfera se resuelve de repente en lluvia, se formará un gran vacío en las rejiones del aire en que se efectúe esta condensacion, i el aire de las partes laterales se precipitará en él para llenarle.

7. **Vientos irregulares.** En nuestros climas los vientos soplan de una manera mui irregular. Su direccion i velocidad sufren tambien la influencia de las localidades. En las zonas glaciales son aun mas inconstantes, cambian de direccion en pocos minutos, i a veces parece soplan simultáneamente de todos los puntos del horizonte.

8. **Vientos regulares.** Llámanse así los que reinan en la zona tórida porque soplan por largo tiempo en una misma direccion, i vuelven periódicamente en épocas fijas.

Vientos monzones. Estos vientos soplan constantemente durante seis meses, de abril a octubre i de octubre a abril, en dos direcciones opuestas, del nordeste al sudeste.

Vientos alisios. Estos vientos reinan tambien constantemente en las rejiones ecuatoriales, i soplan entre los trópicos en la direccion de este a oeste.

9. **Brisas de mar i tierra.** Llámase así el vientecillo que sopla en las costas por mañana i tarde en direccion de la costa al mar o del mar a la costa. Hé aquí cómo se esplica jeneralmente este meteoro. Por la mañana el aire que baña las costas, siendo mas frio que el que descansa sobre la superficie del mar a causa de la radiacion de la noche, producirá una brisa que vendrá de la tierra a la mar, emanada por una corriente de aire frio que tiende a bajar en virtud de su esceso de densidad, i a ponerse en equilibrio con el aire caliente i ménos denso que descansa en la mar. Por la tarde sucede a la inversa sobre la superficie del mar, producirá una brisa de mar a tierra, emanada por la corriente de aire frio que afluye para llenar el vacío formado por la ascension del aire caliente de la playa.

10. **Manera de propagarse los vientos.** Parece que lo verifican de dos maneras: dícese que el viento se propaga por *impulsion* cuando sopla en una direccion, i se adelanta en el mismo sentido i por *aspiracion* cuando sopla en un sentido i se adelanta en una direccion contraria.

11. **Velocidad de los vientos.** Es mui variable. Se mide por el camino que recorren, en la unidad de tiempo, los cuerpecillos lijeros que arrastra consigo. La esperiencia dió los resultados siguientes:

0^m 5	por segundo,	viento apénas sensible.
2^m	—	viento moderado.
10^m	—	viento fuerte.
27^m	—	gran tempestad.
45^m	—	viento que arranca los árboles i i derriba los edificios.

§ III. *Calor terrestre.*

1. El estudio del calor terrestre debe hacerse por la observacion: 1.° de la temperatura de la superficie del suelo; 2.°

por la temperatura a diversas profundidades debajo de esta superficie; 3.° por la temperatura de diversas alturas sobre ella.

2. **Temperatura en la superficie del suelo.** Esta temperatura varía con las latitudes, con la posicion de los lugares, i en un mismo lugar con la hora del dia i con la estacion del año. Estos cambios tienen por principal causa las cantidades diversas de calor que los rayos solares derraman sobre el globo terrestre, i que dependen 1.° de su inclinacion; 2.° de la duracion de la presencia del sol sobre el horizonte.

3. **Diversas temperaturas durante el dia.** Por la mañana así que sale el sol el termómetro comienza a subir, i la temperatura aumenta progresivamente a medida que el sol se eleva sobre el horizonte: esta temperatura llega a su máximun entre 2 i 3 de la tarde, decrece luego a medida que el sol baja, i cuando ha pasado por debajo del horizonte el enfriamiento se hace cada vez mas intenso por efecto de la radiacion nocturna. El momento mas frio o el mínimum de temperatura es el de pocos minutos ántes de salir el sol.

4. **Temperatura en las diversas estaciones.** La oblicuidad de los rayos solares i la duracion de la insolacion, es causa de la temperatura en las diversas estaciones. En efecto, en verano tenemos 16 horas de dia i solo 8 de noche, i los rayos solares, aunque mas lejanos que en invierno, caen en direccion ménos oblicua: debemos por consiguiente esperimentar mas calor. Por esta razon se sufren en nuestros climas dias tan calorosos como en el ecuador, donde la temperatura es uniforme por la igualdad de los dias i noches.

5. **Temperatura media del dia.** Basta hacer tres observaciones: al hacer el sol, a las 2 de la tarde i al ponerse el sol, i dividir su suma por tres. Tambien se obtiene tomando la semisuma de la mínima i de la máxima del dia.

6. **Temperatura media del mes.** Conocida la del dia, se obtiene la del mes haciendo la suma de todos los dias del mes i dividiéndola por su número.

7. **Temperatura media del año.** Dividiendo por doce la suma de la temperatura media de los doce meses se obtiene la del año.

8. **Temperatura media de un lugar.** Finalmente, la temperatura media de un lugar se obtiene reunien-

do las medias de un gran número de años i dividiendo su suma por su número.

9. **Causas de la temperatura media de un lugar.** La temperatura media de un lugar depende de su latitud i de la elevacion sobre el nivel del mar. Decrece progresivamente yendo en un mismo meridiano del ecuador a los polos, i a medida que uno se eleva sobre la superficie del mar. La distancia a la mar, la proximidad de las montañas, la naturaleza del suelo, su inclinacion, los vientos que reinan, son causas que influyen en la determinacion de la temperatura media de un lugar.

10. **Líneas isotermas.** Llámanse así las formadas por varios lugares que gozan de una misma temperatura media.

11. **Zona isoterma.** Llámase así el espacio comprendido entre dos líneas isotérmicas.

12. **Climas.** Pueden dividirse en tres clases: 1.° climas *constantes*, aquellos que presentan poca diferencia (5° o 6°) entre la temperatura media del mes mas cálido i la del mes mas frio; 2.° climas *variables*, aquellos en que esta diferencia es mayor (15° a 16°); 3.° climas *escesivos*, aquellos en que esta diferencia es mucho mayor de 30° a 32°.

13. Para completar el estudio del *clima* de un pais, deben añadirse a los caractéres sacados de su temperatura la reunion de los fenómenos meteorolójicos que puedan ejercer una influencia bienhechora o dañosa sobre el hombre, los animales i la vejetacion.

14. **Temperatura debajo de la superficie terrestre.** Observaciones termométricas repetidas han puesto en evidencia los principios siguientes:

1.° A cierta profundidad debajo de la superficie esterior de la tierra existe una capa de *temperatura invariable*, cuyo grado de calor es siempre el mismo, independientemente de las vicisitudes que sufre la temperatura del suelo.

2.° debajo de esta capa invariable, la temperatura de las capas inferiores es así mismo invariable para cada una de ellas, i que la temperatura aumenta con las profundidades (1).

(1) En los elementos de jeolojía nos ocuparemos con alguna mas estension de este asunto i sus consecuencias.

15. **Temperatura sobre la superficie del suelo.** Esta temperatura decrece progresivamente a medida que uno se eleva en la atmósfera.

Dos hechos comprueban esta verdad: 1.° La existencia de las nieves perpetuas sobre las cumbres de las altas montañas; 2.° las observaciones de temperatura hechas en las ascensiones aerostáticas.

16. **Causas del frio en las capas elevadas de la atmósfera.** 1.° El aire es eminentemente permeable a los rayos caloríficos, i tanto mas cuanto menor es su densidad, i lo es mas al calor *luminoso* que al calor *oscuro*. Resulta de aquí que el aire absorve ménos calor en las partes elevadas de la atmósfera que en las inferiores.

2.° El aire hace latente el calor que se eleva de las capas superficiales a medida que las dilata.

3.° El aire en las altas rejiones atmosféricas está sujeto a una radiacion contínua hácia los espacios celestes, que debe producir un gran enfriamiento.

17. **Termómetros de máxima i mínima.** Llámanse así ciertos instrumentos que abandonados a sí mismos conservan la señal de la mas alta i baja temperatura a que han llegado durante el dia.

18. **Termómetro de Rutherford.** 1.° **Termómetro de máxima.** Consiste en un termómetro comun de mercurio, cuyo tubo es encorvado i horizontal. En lo interior del tubo está colocado un pequeño cilindro de hierro que sirve de índice. Cuando la temperatura crece, el mercurio impele el cilindro delante de sí; cuando baja queda en su lugar (fig. 134).

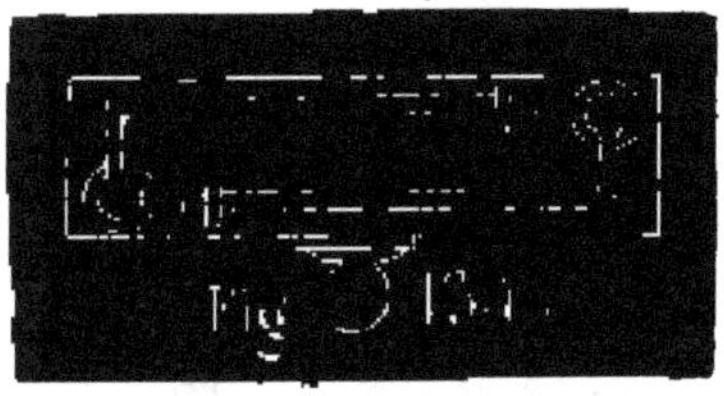

Fig. 134.

2.° **Termómetro de mínima** Es el mismo termómetro lleno de alcohol, en cuyo interior hai un pequeño índice de esmalte. Si la temperatura crece, este cilindro permanece en su lugar; pero si baja, el alcohol al contraerse arrastra consigo el índice.

§ IV. *Meteoros acuosos.*

1. **Rocío.** Este meteoro consiste en una infinidad de go-

titas líquidas de que se cubren las superficies de los cuerpos en las noches de calma i serenas.

2. **Causa del rocío.** El doctor Wells ha probado que la formacion del rocío tiene por causa el enfriamiento que sufren los cuerpos terrestres por efecto de su radiacion nocturna. De la temperatura de estos cuerpos, siendo menor que la del aire que les baña, resulta, en circunstancias convenientes, una condensacion parcial del vapor de agua esparcido en él.

3. **Sereno.** Llámase así el rocío que se forma al ponerse el sol algunos momentos antes del crepúsculo.

4. **Escarcha.** Llámase así el rocío conjelado. No reconoce, pues, otra causa que el rocío, i solo necesita que la temperatura de los cuerpos baje a cero. Las gotitas de rocío se conjelarán entónces i formaran agujitas cristalinas de hielo que se adherirán a las ramas de los árboles i a las hojas de las plantas.

Observacion. En nuestros climas la escarcha se forma jeneralmente en la primavera i en el otoño, i puede ser mui funesta a las plantas. Para preservarlas deben cubrirse con cualquier cuerpo que se oponga a la radiacion.

5. **Helada comun.** Llámase así la conjelacion pura i simple del agua esparcida en la superficie del suelo. Reconoce la misma causa que los meteoros precedentes: la baja de temperatura por la radiacion.

6. **Nieblas i nubes—Vapor vesicular.** Las nubes i las nieblas deben su oríjen al *vapor vesicular*. Consiste este en unos glóbulillos blanquiscos, que son unas bolitas de aire cubiertas con una película de agua mui tenue i huecas interiormente.

7. **Formacion de las nieblas i de las nubes.** Las nieblas se formarán siempre que una masa de aire cargada de humedad, se enfrie lo bastante para que el vapor de agua que contiene se condense. Así, pues, las nieblas se formarán en la superficie de los rios si el aire está en calma i la temperatura es mas baja que el agua. Pueden tambien formarse las nieblas sobre la superficie de los rios o de los lagos cuando el agua está fria, i una corriente de aire caliente saturado de humedad pasa por su superficie. En las montañas cerca de los manantiales i las cascadas, donde el aire es jeneralmente mui húmedo, puede verse con frecuencia a la

formacion de las nieblas i las nubes. Si el aire que baña las faldas húmedas de las montañas se calienta por los rayos solares, se cargará da una gran cantidad de vapor de agua. Cuando el sol se oscurezca o sus rayos se intercepten momentáneamente, el aire caliente se enfriará, i el vapor de agua de que está impregnado se convertirá en una *niebla* o en una *nube*. Finalmente, estas pueden tambien formarse directamente en el seno de la atmósfera por dos causas mui jenerales: 1.ª por la condensacion súbita que espererimentan al elevarse en las altas rejiones del aire las corrientes de vapor que toman oríjen en la superficie del suelo húmedo, por el calor de los rayos solares; 2.ª por el encuentro i mezcla de dos corrientes de aire saturadas de humedad a temperaturas diferentes.

8. **Suspension de las nubes en la atmósfera.** A pesar de la forma de las vesículas acuosas, parece deben poseer una densidad superior a la del aire, i su suspension en la atmósfera en masas considerables, parece difícil de concebir: sin embargo, he aquí razones que la esplican: 1.ª El aire absorve con mayor facilidad el calor radiante *oscuro* que el calor *luminoso*. Las nubes interceptan la luz en gran parte, trasformando en calor oscuro el calórico de los rayos solares. Así el aire contenido en las vesículas i al rededor de ellas, calentándose mas que el aire que rodea la nube, esta se hará específicamente mas lijera i se contendrá en la atmósfera como un mongolfiero. 2.ª Los vientos, las corrientes de aire caliente que se elevan contínuamente en la superficie del suelo, i finalmente la resistencia que el aire opone a los globulillos vesiculares por la dificultad que esperimantan en filtrar por sus mismos intersticios, son tambien causas que esplican la suspension de las nubes en la atmósfera. La exactitud de estas esplicaciones se halla comprobada con un hecho jeneral: las nubes están tanto mas próximas a la superficie terrestre, cuanto mas baja es la temperatura.

9 **Lluvia.** Este meteoro resulta de la liquefaccion del vapor de agua contenido en las nubes i de la caida de gotas de vapor condensadas. Esta condensacion es efecto de un enfriamiento.

10. **Undómetros o pluviómetros**. Llámanse así ciertos aparatos destinados a medir la cantidad de lluvia que cae anualmente en un mismo punto de la tierra. La fig. 135 representa el *undómetro comun*. Consiste en un cilindro de cobre de 6 a 8 pulgadas de diámetro. Compónese de un recipiente CC' i de un depósito SS'. El recipiente tiene un fondo único con un orificio O, que se ajusta sobre el depósito SS'.—En el fondo de este se abre un tubo doblado TT, que se alza a lo largo de la pared esterior: aquí recibe un tubo de vidrio VV', que se divide en partes iguales, i que sirve para indicar la altura del líquido interior. Se mide exactamente la superficie del recipiente C'C, se aforra el depósito SS' para saber la cantidad de líquido que corresponde a las diversas divisiones del tubo VV', i es fácil deducir la cantidad de lluvia, esto es, el grueso de la capa que haya formado en un vaso de fondo horizontal.

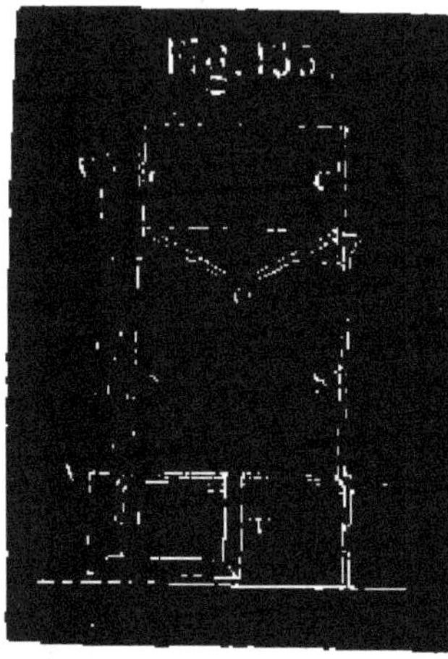

11. **Nieve**. La nieve resulta, como la lluvia, del enfriamiento de las nubes; pero su formacion exije que la temperatura de esta masa de vapores sea bajo cero. El vapor, condensándose entónces, se conjela i cristaliza.—Si la cristalizacion se efectúa en un aire sereno, la nieve se presenta bajo formas perfectamente jeométricas, afectando casi siempre la de una estrella de seis radios.

12. **Piedra**. La *piedra*, cuya causa es tambien la conjelacion del vapor de agua esparcido en la atmósfera, está formada de agujas de hielo entrelazadas unas con otras formando una especie de pelotillas bastante compactas.

13. **Verglas**. Este meteoro es una capa de hielo delgada, lisa i trasparente que se forma en la superficie del suelo cuando el aire está bastante caliente para que las nubes den orijen a la lluvia, i el suelo bastante frio para conjelar esta lluvia a medida que cae.

§ V. *Electricidad atmosférica.*

1. **Semejanza entre los efectos del rayo i los de la electricidad.** Desde 1746 los físicos comenzaron a sorprenderse de esta semejanza. En efecto, la forma sinuosa i comun del relámpago i de la chispa eléctrica, las propiedades de quebrar i desgarrar los cuerpos malos conductores, de inflamar las sustancias combustibles, de fundir i volatilizar los metales i matar los animales, pertenecen en pequeño a la chispa eléctrica de nuestras baterías, como en grande al rayo.— Esta identidad hacia ya presumir la identidad de la materia de este meteoro i el fluido eléctrico.

3. **Esperiencias de Franklin.** Este físico estableció en un jardin, en Marli-la-Ville, una barra metálica vertical terminada en punta de cuarenta pies de altura i aislada por su base. Suponiendo que una *nube tempestuosa* fuese un depósito de electricidad, al pasar sobre la barra metálica debia descomponer por influencia su fluido neutro; el fluido del nombre contrario atraido a la punta debia esparcirse libremente en la atmósfera, i el fluido del mismo nombre repelido a la parte inferior debia producir chispas a la aproximacion de un cuerpo conductor en comunicacion con el suelo.—La esperiencia confirmó estas suposiciones.

3. **Esperiencias de Franklin.** Este físico seguia en América distinto camino casi al mismo tiempo que Dalibard en Francia para comprobar el mismo hecho. Una cometa dirijida a una nube tempestuosa le sirvió al efecto. Hizo la esperiencia en Filadelfia en junio de 1752. Habiendo unido las cuatro puntas de un pañuelo de seda a dos varillas en cruz armadas de una punta metálica, ató a este aparato una larga cuerda i le lanzó en la atmósfera hácia una nube tempestuosa. Suspendió una llave a la estremidad de una cuerda, que sujetó a un poste por medio de un cordon de seda a fin de aislarle. El primer signo de electricidad que obtuvo fué el herizamiento de los filamentos de la cuerda. Pero habiendo sobrevenido una lijera lluvia que mojó la cuerda, haciéndola mejor conductora, consiguió sacar varias chispas eléctricas, con que logró inflamar el alcohol i cargar una botella de Leyde. Esta esperiencia repetida i variada por los sabios comprobó la identidad de la electricidad atmosférica con la de nuestras máquinas.

4. **Medios de estudiar la electricidad atmosférica.** El fluido eléctrico no existe únicamente en las nubes, sino tambien en el aire atmosférico. Entre los medios de que podemos valernos para comprobarlo solo citaremos uno.

5. **Electrómetro de Saussure.** Consiste en un electróscopo comun de pajas. El conductor fijo está cubierto de un sombrero cónico de metal, que preserva la caja del contacto de la lluvia, que está colocada en una larga barra de cobre. Elevando verticalmente este aparato en el aire atmosférico, la electricidad del aire descompone el fluido neutro del conductor, i hace diverjer las pajas una cantidad correspondiente a su intensidad.

6. **Electricidad del aire en los dias serenos.** Con el auxilio del aparato que acabamos de describir, i de otros fundados en el mismo principio, se han comprobado los hechos siguientes:

En el tiempo *sereno* existe siempre en la atmósfera un esceso de electricidad positiva libre que comienza a hacerse sensible en campo raso a 3 o 4 pies de elevacion, aumentando de intensidad a medida que se eleva en la atmósfera. Esta electricidad sufre variaciones diurnas en su intensidad, i no es tan abundante en verano como en invierno. Saussure reconoció que en jeneral es mayor en los lugares elevados i aislados, i nula en las casas, debajo de los árboles, en las calles, en los patios i jeneralmente en los parajes abrigados. Es sin embargo, sensible en medio de las grandes plazas, en las orillas de los lagos, i principalmente sobre los puentes.

7. **Electricidad del aire en los tiempos nublados.** La electricidad libre esparcida en la atmósfera cuando llueve, nieva, i especialmente durante una tempestad, es ya positiva, ya negativa, i su intensidad es mayor que en los tiempos serenos.

Manantiales de la electricidad atmosférica. Hasta ahora la evaporacion del agua en la superficie terrestre es la única causa comprobada a que puede atribuirse la formacion de la electricidad atmosférica. M. Pouillet atribuye tambien a la vejetacion un gran papel en la produccion de este fenómeno.

9. **Relámpago.** El *relámpago* consiste en la chispa eléctrizada saltando ya entre dos nubes electrizadas en sentido inverso, ya entre una nube i el suelo.

10. **Rayo.** El rayo es una chispa eléctrica mayor que la del relámpago: el relámpago es, pues, un rayo menor. El relámpago i el rayo se propagan casi siempre en zis-zas, lo que es efecto de que las masas de vapores que surcan, no siendo un conductor contínuo, la chispa eléctrica sigue, no la línea mas corta, sino la que le opone ménos resistencia.

11. **Trueno.** Llámase asi el ruido que jeneralmente acompaña a los relámpagos i los rayos.

12. **Esplicacion del ruido del trueno.** M. Pouillet esplicó asi este fenómeno: siempre que una conmocion instantánea sucede en el aire, resulta un ruido mas o ménos fuerte. Ahora bien: la chispa eléctrica, la de una bateria por ejemplo, determina en el aire que atraviesa un chasquido particular que le acompaña. Lo mismo sucede con el relámpago i el rayo. Cuando brillan, aparece a un mismo instante en puntos mui lejanos: en toda esta vasta estension el aire i el vapor son en un mismo instante desgarrados i dilatados: las moléculas de materia ponderable, conmovidas en un largo tránsito, se ponen en vibracion, i la larga detonacion que resulta, repetida i aumentada por los ecos de las nubes, forma los retumbamientos del trueno.

13. **Apreciacion de la distancia de las nubes tempestuosas por el ruido del trueno i la luz de los relámpagos.** Como la velocidad de la luz es tan inmensa, el momento que tarda en venir de la nube a nuestros órganos visuales es inapreciable. Pero como el sonido recorre 340^{m} por segundo, deben pasarse entre la aparicion del relámpago i la detonacion que le sigue tantos segundos como veces haya 340^{m} entre el observador i el paraje donde estalla el trueno. De aquí el medio de medir la distancia a que se hallan las nubes tempestuosas por el número de segundos que tardamos en oir el ruido del trueno desde la vision del relámpago. Cuando brilla el relámpago sin que le siga el trueno, prueba que la nube en que tuvo orijen está de tal modo lejana del observador que el sonido se estingue ántes de llegar a él.

14. **Efectos del rayo.** Son de mayor escala los mismos que los de la batería eléctrica. Esplicaremos algunos i especialmente el

15. **Choque de retroceso.** Cuando una nube tempes-

tuosa pasa sobre la superficie de la tierra, ejerce su accion por influencia sobre todos los cuerpos que se hallan bajo su esfera de actividad. Si la nube se aleja sin esplosion, los cuerpos electrizados por influencia vuelven a su estado natural. Si la electricidad de la nube se recompone por medio de un relámpago con la electricidad contraria de un cuerpo colocado sobre la superficie de la tierra, este cuerpo es forzosamente herido del rayo directamente. Entónces se dice que ha *caido un rayo*. Finalmente, si el relámpago pasa de una nube tempestuosa a otra nube, o entre los estremos de una nube i un cuerpo terrestre, otros cuerpos a veces bien lejanos, pero que estaban sometidos a su influencia, pueden ser heridos por el *choque de retroceso*, cuando esta influencia aniquilada de repente, se hace asiento de una recomposicion instantánea de dos fluidos eléctricos que la accion de la nube habia descompuesto.

16. **Observaciones acerca del rayo.** El rayo ataca siempre con preferencia los cuerpos conductores i los que están mas proximos de las nubes tempestuosas, como los edificios elevados, las iglesias, los campanarios, las torres, los árboles cuyas hojas i ramas pueden asemejarse a las puntas. La diversa conductibilidad de estos diferentes cuerpos hace su abrigo a veces fatal a las personas que le buscan.

Subsiste aun hoi en muchos puntos la preocupacion funesta de tocar las campanas durante una tempestad. La esperiencia prueba que el rayo ataca con preferencia las campanas que suenan.

17. **Preservativos contra el rayo.** A veces un vestido de seda ha bastado a preservar de los funestos efectos del rayo; pero el mejor preservativo son los

Para-rayos. Este aparato, imajinado por Franklin, consiste en una larga barra metálica sin solucion de continuidad i terminada en punta. Se coloca verticalmente sobre el techo del edificio, i se hace comunicar con el suelo por medio de un conductor metálico.

18. **Efectos del para-rayos.** Si una nube tempestuosa pasa sobre un para-rayos, descompone por influencia su fluido neutro, repele al suelo el fluido del mismo nombre, i atrae a la punta el de nombre contrario, que obedeciendo a la atraccion de la nube, sale por la punta i va a neutralizar a ca-

da momento el flúido eléctrico de la nube. La accion preservadora del para-rayos aumenta con la proximidad i carga de la nube, i si à pesar del torrente de electricidad que sale de la barra fuese insuficiente para neutralizar la accion de las nubes i oponerse a la caida del rayo, preservaria sin embargo los cuerpos proximos, puesto que recibiria él solo la descarga, como siendo el mejor conductor i mas propio para trasmitirle al suelo.

19. **Condiciones para la eficacia de los para-rayos.** 1.ª Desde la cúspide de la barra hasta la estremidad inferior del conductor no debe haber la menor solucion de continuidad.

2.ª La comunicacion del conductor debe ser tan perfecta como sea posible; i si hai un pozo inmediato, debe ir a parar a él, o de lo contrario a una profundidad de 5 o 6 metros debajo del suelo.

3.ª El diámetro del conductor debe ser de 17 a 18 milímetros en cuadro. Este conductor es a veces formado por una reunion de barras de hierro cuadradas, o de cuerdas metálicas que tienen la ventaja de ser mui flexibles.

4.ª La punta del para-rayos debe ser de forma piramidal o conoidea: esta punta debe terminar en una aguja de cobre de 55 centímetros de largo, con su estremidad dorada, o mejor, formada de platino de 5 o 6 centímetros de largo.

20. **Esfera de actividad del para-rayos.** Un para-rayos proteje todos los cuerpos que están a su alrededor en un espacio circular cuyo radio sea el doble por lo ménos de su lonjitud.

21. **Fuego de San Telmo.** Luz meteórica que se observa a menudo en la punta de los mástiles de los buques. Todos los cuerpos conductores elevados, i especialmente los terminados en punta cuando se hallan bajo la esfera de actividad de una nube tempestuosa, pueden dar oríjen a estas llamas eléctricas. Se observan muchas veces al rededor de las puntas de los para-rayos. Sus efectos se esplican por las propiedades de las puntas.

22. **Granizo.** Lluvia de piedras redondas, à veces de un tamaño considerable, que acompaña frecuentemente a los grandes vientos i a las fuertes descargas eléctricas. Parece que este meteoro debe su oríjen a la electricidad; pero nada mas que hipótesis existen acerca de su formacion.

§ VI. *Luz meteórica.*

1. **Miraje.** Se ha observado a veces en la mar i en los paises llanos que los objetos lejanos presentan, ademas de su imájen que es recta, una segunda imájen inversa, cuyos contornos están algo alterados i mal definidos. A este fenómeno se llama *miraje.*

2. **Causa del miraje.** Cuando dos capas de aire de temperatura desigual, i por consiguiente de densidad diferente están separadas por una superficie perfectamente determinada, lo que solo puede suceder en momentos de calma, los rayos de luz, que viniendo de la capa mas densa caigan formando un ángulo mui pequeño sobre la superficie de separacion, podrán reflejarse totalmente en ella i producir imájenes por reflexion: tal es la causa del *miraje.* Si la capa mas caliente i ménos densa toca al suelo, como sucede frecuentemente en las arenosas llanuras del Bajo Ejipto, la superficie de la tierra hácia el horizonte parecerá un lago tranquilo, i reflejará las imájenes inversas de los oasis que bordan estas llanuras. Si la capa mas caliente es superior a la mas densa, como acontece a menudo en alta mar, se verán las imájenes inversas de los buques que vogan hácia el horizonte colocadas sobre ellas i marchando a la par. Finalmente, si las masas de aire diferentemente calientes están en un mismo nivel, i separadas por planos verticales, los objetos parecerán dobles i sus imájenes serán rectas. Este último caso se presenta algunas veces en las costas marítimas.

3. **Arco iris.** Arco que presenta los colores del espectro solar. Es uno de los mas hermosos fenómenos naturales dependientes de la descomposicion de la luz: tiene por condiciones esenciales: 1.ª la presencia del sol sobre el horizonte; 2.ª la resolucion de una nube en lluvia; i 3.ª que el espectador esté colocado entre la nube i el sol con la espalda vuelta a este astro. Es producido por los rayos luminosos que llegan al ojo del observador despues de haber sufrido una descomposicion por efecto de dos refracciones (la una a la entrada i la otra a la salida), i de haber esperimentado ademas en lo interior de las gotitas líquidas una, dos o varias reflexiones, lo que produce uno, dos o varios arco-iris concén-

tricos, pero de un colorido mui diferente. El arco interior es el que tiene los colores mas vivos, i aunque cada uno de los arcos presenta los colores del espectro, es en un órden inverso. En el arco interior el color mas elevado es el rojo, en el esterior el violado. Cuando el tercer arco es visible, el órden de los colores es el mismo que el primero, i así de los demas. Se han observado a veces arco-iris *lunares;* pero estos arcos son poco brillantes.

4. **Halos.** Llámanse así unos círculos coloreados en cuya parte céntrica domina el rojo, i que aparecen al rededor del sol en ciertas épocas del año. Mariotte esplica este fenómeno por la presencia en la atmósfera de unas agujitas de hielo que refractan la luz del sol.

5. **Perielios.** Llámanse así a otros círculos blancos que pasan por el sol i forman una faja mui viva e iluminada, cuya altura es igual al diámetro del astro. M. Babinet mira este meteoro como formado por la reflexion que la luz solar esperimenta sobre las caras verticales de las agujitas de hielo.

6. **Coronas.** Este meteoro solo se diferencia del halo en que la parte rojiza es esterior i la interior violada.

7. **Aerolitos.** Globos de fuego mas o ménos voluminosos que caen de la atmósfera con gran velocidad, dejando un camino a veces sinuoso, señalado por una cadena de luz que persiste durante algunos segundos. Este globo estalla ya en la atmósfera, ya en el momento de contacto con la tierra, i sus fragmentos se dispersan en varias direcciones. Todos los fragmentos se hallaron cubiertos en todo o parte de una capa *vidriosa,* i el análisis químico ha comprobado que su composicion difiere de la de todos los minerales conocidos, que el hierro constituye esencialmente parte, i mui a menudo el nikel.

CPSIA information can be obtained
at www.ICGtesting.com
Printed in the USA
BVHW010949150121
597935BV00011B/179

9 781145 924536